과학공화국
물리법정

3
빛과 전기

과학공화국 물리법정 3

빛과 전기

ⓒ 정완상, 2007

초판 1쇄 발행일 | 2007년 4월 8일
초판 22쇄 발행일 | 2024년 11월 1일

지은이 | 정완상
펴낸이 | 정은영

펴낸곳 | (주)자음과모음
출판등록 | 2001년 11월 28일 제2001-000259호
주소 | 10881 경기도 파주시 회동길 325-20
전화 | 편집부 (02)324-2347 경영지원부 (02)325-6047
팩스 | 편집부 (02)324-2348 경영지원부 (02)2648-1311
e-mail | jamoteen@jamobook.com

ISBN 978-89-544-1376-3 (04420)

과학공화국
물리법정

3 빛과 전기

정완상(국립 경상대학교 교수) 지음

|주|자음과모음

생활 속에서 배우는 기상천외한 과학 수업

물리와 법정, 이 두 가지는 전혀 어울리지 않은 소재들입니다. 그리고 여러분에게 제일 어렵게 느껴지는 말들이기도 하지요. 그런에도 불구하고 이 책의 제목에는 분명 '물리법정'이라는 말이 들어 있습니다. 그렇다고 이 책의 내용이 아주 어려울 거라고 생각하지는 마세요.

저는 법률과는 무관한 과학을 공부하는 사람입니다. 하지만 '법정'이라고 제목을 붙인 데에는 이유가 있습니다.

이 책은 우리의 생활 속에서 일어나는 여러 가지 재미있는 사건을 다루고 있습니다. 그리고 물리적인 원리를 이용해 사건들을 차근차근 해결해 나간답니다. 그런데 크고 작은 사건들의 옳고 그름을 판단하기 위한 무대가 필요했습니다. 바로 그 무대로 법정이 생겨나게 되었답니다.

왜 하필 법정이냐고요? 요즘에는 〈솔로몬의 선택〉을 비롯하여 생활 속에서 일어나는 사건들을 법률을 통해 재미있게 풀어 보는 텔레비전 프로그램들이 많습니다. 그리고 그 프로그램들이 재미없다고 느껴지지도 않을 겁니다. 사건에 등장하는 인물들이 우스꽝스럽고, 사건을 해결하는 과정도 흥미진진하기 때문입니다. 〈솔로몬의 선택〉이 법률 상식을 쉽고 재미있게 얘기하듯이, 이 책은 여러분의 물리 공부를 쉽고 재미있게 해 줄 것입니다.

여러분은 이 책을 읽고 나서 자신의 달라진 모습에 놀랄 겁니다. 과학에 대한 두려움이 싹 가시고, 새로운 문제에 대해 과학적인 호기심을 보이게 될 테니까요. 물론 여러분의 과학 성적도 쑥쑥 올라가겠죠.

물리학은 항상 정확한 판단을 내릴 수 있습니다. 왜냐하면 물리학의 법칙은 완벽에 가까운 진리이기 때문입니다. 저는 그 진리를 여러분이 조금이라도 느끼게 해 주고 싶습니다. 과연 제 의도대로 되었는지는 여러분의 판단에 맡겨야겠지요.

끝으로 이 책을 쓰는 데 도움을 주신 (주)자음과모음의 강병철 사장님과 모든 식구들에게 감사를 드리며, 스토리 작업에 참가해 주말도 없이 함께 일해 준 이나리, 조민경, 김미영, 도시은, 윤소연, 정황희, 손소희 양에게도 감사를 드립니다.

진주에서
정완상

목차

판사

제1장 빛과 색깔에 관한 사건 13

물치 변호사

제2장 빛의 반사와 굴절에 관한 사건 61

피즈 변호사

물리법정의 탄생

과학을 좋아하는 사람들이 모여 사는 과학공화국이 있었다. 과학공화국의 국민들은 어릴 때부터 과학을 필수 과목으로 공부하고, 첨단 과학으로 신제품을 개발해 엄청난 무역 흑자를 올리고 있었다. 그리하여 과학공화국은 세상에서 가장 부유한 나라가 되었다.

과학에는 물리학, 화학, 생물학 등이 있는데 과학공화국 국민들은 다른 과학 과목에 비해서 유독 물리학을 어려워했다. 돌멩이가 떨어지는 것이나 자동차의 충돌 사고, 놀이 기구의 작동 원리, 정전기를 느끼는 일 등과 같은 물리적인 현상은 주변에서 쉽게 관찰되지만, 그러한 현상들의 원리를 정확하게 알고 있는 사람은 드물었다.

그 이유는 과학공화국의 대학 입시 제도와 관련이 깊었다. 대부분의 고등학생들은 대학 입시에서 높은 점수를 받기 쉬운 화학, 생물을 선호하고 물리를 멀리했다. 학교에서는 물리를 가르치는 선생님들이 줄어들었고, 선생님들의 물리 지식 수준 역시 낮아졌다.

이런 상황에서도 과학공화국에서는 물리를 이해해야 해결할 수 있는 크고 작은 사건들이 많이 일어났다. 그런데 사건의 상당수를 법학을 공부한 사람들로 구성된 일반 법정에서 다루었기 때문에 정확한 판결을 내리기가 힘들었다. 이로 인해 물리학을 잘 모르는 일반 법정의 판결에 불복하는 사람들이 많아져 심각한 사회 문제로 떠오르고 있었다.

그리하여 과학공화국의 박과학 대통령은 회의를 열었다.

"이 문제를 어떻게 처리하면 좋겠소?"

대통령이 힘없이 말을 꺼냈다.

"헌법에 물리적인 부분을 좀 추가하면 어떨까요?"

법무부 장관이 자신 있게 말했다.

"좀 약하지 않을까?"

대통령이 못마땅한 듯 대답했다.

"물리학과 관계된 사건에 대해서는 물리학자를 법정에 참석시키면 어떨까요? 의료 사건의 경우 의사를 참석시켰는데 성공적이었거든요."

의사 출신인 보건복지부 장관이 끼어들었다.

"의사를 참석시켜서 뭐가 성공적이었소? 의사들의 실수로 인한 의료 사고를 다루는 재판에서 의사가 피고(소송을 당한 사람)인 의사 편을 들어 피해자가 속출했잖소."

내무부 장관이 보건복지부 장관에게 항의했다.

"자네가 의학을 알아? 전문 분야라 의사들만 알 수 있어."

"가재는 게 편이라고 의사들에게 항상 유리한 판결만 나왔잖아."

평소 사이가 좋지 않던 두 장관이 논쟁을 벌였다.

"그만두시오. 우린 지금 의료 사건 얘기를 하는 게 아니잖아요. 본론인 물리 사건에 대한 해결책을 말해 보세요."

부통령이 두 사람의 논쟁을 막았다.

"우선 물리부 장관의 의견을 들어 봅시다."

수학부 장관이 의견을 냈다.

그때 조용히 눈을 감고 있던 물리부 장관이 말했다.

"물리학으로 판결을 내리는 새로운 법정을 만들면 어떨까요? 한마디로 물리법정을 만들자는 겁니다."

"물리법정!"

침묵을 지키고 있던 박과학 대통령이 눈을 크게 뜨고 물리부 장관을 쳐다보았다.

"물리와 관련된 사건은 물리법정에서 다루면 되는 거죠. 그리고 그 법정에서의 판결들을 신문에 실어 널리 알리면 사람들이 더 이상 다투지 않고 자신의 잘못을 인정할 겁니다."

물리부 장관이 자신 있게 말했다.

"그럼 물리와 관련된 법을 국회에서 만들어야 하잖소?"

법무부 장관이 물었다.

"물리학은 정직한 학문입니다. 사과나무의 사과는 땅으로 떨어지지 하늘로 올라가진 않습니다. 또한 양의 전기를 띤 물체와 음의 전기를 띤 물체 사이에는 서로 끌어당기는 힘이 작용하죠. 이것은 지위와 나라에 따라 달라지지 않습니다. 이러한 물리적인 법칙은 이미 우리 주위에 많이 있으므로 새로운 물리법을 만들 필요는 없습니다."

물리부 장관의 말이 끝나자 대통령은 입을 환하게 벌리고 흡족해했다. 이렇게 해서 물리공화국에는 물리 사건을 담당하는 물리법정이 만들어지게 되었다.

이제 물리법정의 판사와 변호사를 결정해야 했다. 하지만 물리학자는 재판 진행 절차에 미숙하므로 물리학자에게 재판 진행을 맡길 수는 없었다. 그리하여 과학공화국에서는 물리학자들을 대상으로 사법고시를 실시했다. 시험 과목은 물리학과 재판진행법, 두 과목이었다.

많은 사람들이 지원할 거라 기대했지만 세 명의 물리 법조인을 선발하는 시험에 세 명이 지원했다. 결국 지원자 모두 합격하는 해프닝을 연출했다.

1등과 2등의 점수는 만족할 만한 점수였지만 3등을 한 물치는 시험 점수가 형편없었다. 1등을 한 물리짱이 판사를 맡고 2등을 한 피즈와 3등을 한 물치가 원고(법원에 소송을 한 사람) 측과 피고 측의 변론(법정에서 주장하거나 진술하는 것)을 맡게 되었다.

이제 과학공화국의 사람들 사이에서 벌어지는 수많은 사건들이 물리법정의 판결을 통해 원활히 해결될 수 있었다. 그리고 국민들은 물리법정의 판결들을 통해 물리를 쉽고 정확히 알게 되었다.

제1장

빛과 색깔에 관한 사건

이건 사기야.
빛의 속도로 간다더니…
거북이가 따로 없군!

내돈!
내돈!
내
도~온!

야광 – 밤에 운전하려면

그림자 – 비행기 그림자는 왜 없죠?

빛의 질량 – 빛으로도 차가 가나요?

적외선 – 난로와 빛

색깔 – 불이야! 불이야!

밤에 운전하려면

고속도로에는 왜 야광 화살표를 사용할까요?

사건속으로

과학공화국의 구불시에서는 새로운 고속도로를 건
설하게 되었다. 구불시 바로 옆에는 호청시가 붙어
있었는데, 산으로 가로막혀 있어서 호청시로 갈 때
면 매번 엄청난 길을 돌아가야만 했다. 그러던 중 구불시가 호청시
로 바로 갈 수 있는 새로운 고속도로를 뚫자 많은 사람들이 그 고
속도로를 이용하기 시작한 것이다.

구불시에서 뚫은 고속도로는 호청시로 가는 데 있어 엄청난 시
간 단축과 편리함으로 인해, 날이 갈수록 이용객이 늘어났다. 그런
데 이 고속도로에도 문제가 전혀 없는 것은 아니었다. 이용객이 늘

어나면 늘어날수록 사고 또한 늘어났다. 특히 사고가 많이 일어나는 곳은 급회전하는 도로 부분이었다. 구불시와 호청시 사이의 운행 시간을 최대한 단축시키기 위해 만든 도로이다 보니, 급회전해야만 하는 부분이 있었던 것이다. 구불시에서는 이 사태를 지켜볼 수만은 없었다. 편리함과 시간 단축 못지않게 안전도 중요했기 때문이었다. 시에서는 여러 가지 연구 끝에 도로변에 전기를 이용한 등을 설치하기로 하였다. 그러면 급회전을 하더라도 사고가 덜 날 것이라는 예상 때문이었다. 구불시의 예상은 맞아떨어졌다. 전보다 사고가 줄어들고, 훨씬 원만한 교통 운행이 이루어졌다.

그러던 어느 주말이었다. 주말만 되면 구불시의 고속도로를 이용하는 사람들이 부쩍 늘어났다. 그런데 갑자기 정전이 일어난 것이다. 달리던 속도를 유지하기는 해야겠고, 도로변에 설치된 등은 꺼져 있으니, 사람들은 우왕좌왕하게 되었다. 그러자 유독 운전이 힘든, 급회전 도로에서는 엄청난 추돌 사건들이 일어나게 되었다. 정전이 된 시간은 한 시간이 채 되지 않았지만, 큰 사고들이 연이어 발생하게 되었다.

사고를 당한 운전자들은 참을 수가 없었다. 자신의 실수가 아니라, 정전 때문에 도로변에 설치된 등이 꺼져 이런 사고가 일어났다는 게 어이없기만 했다. 결국 운전자들은 구불시의 도로 교통국을 상대로 고소를 하게 되었다.

고속도로에서는 빛을 물질 속에 오랫동안 보관해 두었다가
빛이 사라진 후에 조금씩 방출하는 인광 물질을 사용한
야광등을 주로 사용합니다.

과학공화국
물리법정3

여기는 물리법정

밤에 도로 표지판을 야광으로 만드는 이유는
뭘까요?
물리법정에서 알아봅시다.

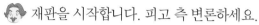

재판을 시작합니다. 피고 측 변론하세요.

구불시는 늘 주민들을 위해 최선을 다해 왔
습니다. 구불시와 호청시를 이어 주는 이
고속도로 역시 주민들의 편의를 위해 건설된 것입니다. 구불
시에서는 그래도 나름대로 사고를 줄이기 위해 도로에 등까
지 설치하는 등 많은 노력을 기울였습니다. 그런데 어째서 구
불시의 도로 교통국을 상대로 소송을 하는지 저는 좀체 이해
할 수가 없습니다. 잘못이 있다면, 오히려 전력 공사에 잘못
이 있겠지요. 갑자기 정전이나 발생하게 하고. 그런데 왜 지
금 잘못을 자꾸 도로 교통국으로 돌리려 하는 건지 의아할 따
름입니다.

음, 원고 측 변론하세요.

우선 이번 교통사고로 병상에 계신 분들께 위로의 말씀을 드
리는 바입니다. 급회전 고속도로는 예전부터 그 위험성이 인
정되어 왔던 곳입니다. 그런데 구불시 도로 교통국에서 도로
변에 전기등을 설치하면서 사고를 많이 줄여 왔습니다. 그 공
로는 인정하는 바입니다. 그러나 도로 교통국에서는 커다란

실수를 한 가지 했습니다.

실수라고요?

네. 도로변에 등을 설치하는 생각까지는 좋았으나, 그게 전기등이었다는 것이 문제입니다.

말도 안 돼요. 그게 대체 뭐가 잘못이란 말인가요? 그럼 등을 당연히 전기로 켜야지 다른 방법이 있단 말입니까?

그래서 증인으로 전국 야광등 협회장이신 도반짝 님을 요청하는 바입니다.

벗겨진 대머리가 그의 이름을 대변하는 듯했다. 이쪽으로 걸어도 반짝, 저쪽으로 걸어도 반짝. 반짝이는 머리는 누구든지 한 번쯤 쓰다듬어 보고 싶을 정도로 매력적이었다.

도반짝 씨, 이번 전기등으로 인한 고속도로 사건이 알려지자, 신문에 투고를 한 것으로 알고 있는데요?

네, 그렇습니다. 제 글이, 제 글이, 드디어 꿈꾸던 신문에 실리는 일이 발생하고야 말았지요. 아, 그날의 감동이란…….
결국 그날 신문을 100부나 사서 주위 친척, 친구들에게 돌렸지요.

제가 궁금한 것은…….

그날의 감동은 이루 말할 수 없습니다. 원래 제가 글 쓰는 걸

어릴 때부터 좋아했거든요. 투고라는 것이, 뭐 말이 투고지 하나의 작품을 완성하는 것과 같은 일이지요. 글을 쓰는 창작의 고통, 그걸 경험하고 나서야 전 한걸음 더 성숙해진 것입니다.

아니, 도반짝 씨. 제가 궁금한 것은…….

물론 제가 신문사에 다시 전화를 걸게 된 것도 다 이유가 있었지요. 사진이 안 나온 겁니다. 투고란 옆에 원래 내 사진을 크게 걸어 주기로 했는데, 눈을 씻고 신문을 찾아봐도 내 얼굴은 찾을 수가 없었지요. 너무 화가 나 신문사에 전화해서 따졌더니, 글은 심각한데 사진이 너무 웃기게 나와서라나 뭐라나. 실은 일부러 신문사에 보내기 위해 컨셉트 사진으로 찍은 거였거든요. 조금 특이하게 보일까 하고 혀를 내밀고 찍은 게 아무래도 문제가…….

도!반!짝!씨! 제발 제 얘기 좀 들어 보세요.

아, 죄송합니다. 제가 한번 제 얘기에 빠지면 헤어나지를 못해서…… 근데, 저를 왜 부르셨죠?

그러니까, 신문사에 투고를 하셨는데, 그 내용을 듣자 하니 이번 사건이 도로변에 있는 등이 모두 전기등이어서 일어났다고 하셨다지요?

네, 당연하지요. 이번에 이런 큰 참사가 일어나게 된 것은 도로변의 등이 모두 전기등이었기 때문이죠.

왜 그렇지요?

왜 그러냐고요? 생각해 보십시오. 그날처럼 날이 어둑어둑해질 때쯤 정전이 되었는데도 그런 큰 참사가 일어났습니다. 그런데 만약 앞이 제대로 보이지 않을 정도로 깜깜한 시각에 정전이 되었다면요? 생각만 해도 끔찍합니다. 전기라는 것은 조금만 전선에 이상이 있어도 쉽게 끊어집니다. 그런데 그렇게 위험천만한 곳에 전기등이라니요. 그러니 대형 사고가 날 수밖에요.

그럼 이럴 땐, 어떻게 해야 하나요?

간단하지요. 전기등이 아니라 야광 화살표로 도로를 표시하는 겁니다. 그럼 정전이 되어도 이번처럼 큰 사고가 발생할 리 없는 것이죠.

야광이 뭐죠?

인광이라고 하지요.

그건 또 뭔데요?

시계와 교통 표지판은 밤에도 보이잖아요? 이렇게 어두운 곳에서도 보이는 게 야광이지요?

그러니까 야광이 뭐냐니까요?

야광 제품은 인광 물질을 이용한 것입니다. 어떤 물질에 빛을 쪼이면 그 빛을 물질 속에 오랫동안 보관해 두었다가 빛이 사라진 후에 조금씩 방출하지요. 그런 성질을 인광이라고 하고,

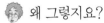

그런 성질을 가진 물질을 인광 물질이라고 불러요. 이때 나오는 빛은 물질의 종류에 따라 색깔이나 세기가 다르지요.

아, 그런 게 야광이군요.

판결합니다. 전기는 언제 끊어질지 모르므로 밤 운전의 모든 문제를 전기등이 책임지게 할 수는 없습니다. 앞으로 구불시의 모든 고속도로에 있는 전기등을 철거하고 야광등으로 교체하도록 하겠습니다.

그 후 구불시의 교통사고는 정확히 절반으로 감소되었다. 이제 구불시는 안전한 도시, 살기 좋은 도시로 많은 사람들의 사랑을 받게 되었다.

비행기 그림자는 왜 없죠?

모든 물체는 태양빛 아래 왜 그림자가 생길까요?

김의심 씨는 40대가 넘어서야 아들을 얻었다. 그래서 그런지 그는 아들 사랑이 남달랐다. 그의 아들도 김의심 씨를 무척 잘 따랐으며, 둘은 특히 과학 얘기 나누는 것을 좋아했다.

그의 사랑스런 아들이 초등학교 4학년이 되었다. 그는 과학에 관심이 많은 자신의 아들을 과학자로 키우기 위해 과학 전문 학원을 보내기로 결심했다. 그러나 그는 혹시 자신의 아들에게 학원에서 잘못된 과학 정보를 가르칠까 봐 늘 불안해했다. 그래서 그는 아들이 학원에서 돌아오면 일일이 그날 배운 내용을 되묻곤 했다.

하루는 아들이, 학원에서 모든 물체는 태양빛 아래서 그림자가 생긴다고 배웠다며 자랑을 늘어놓았다. 김의심 씨는 혹시나 선생님이 틀린 내용을 가르쳐 준 것은 아닐까 하고 또 의심을 하게 되었다.

그러던 중 김의심 씨는 회사 측 담당자를 배웅하기 위해 공항에 나가게 되었다. 한창 담당자와 얘기를 하고 있을 때 그는 비행기들이 막 이륙하는 모습을 보게 되었다. 그런데 이게 웬일인가. 비행기가 점점 높이 올라가면서 어느 순간 그림자가 보이지 않게 된 것이다.

"아빠, 아빠, 오늘 학원에서 배웠는데 모든 물체는 태양빛 아래에 있으면 그림자가 생긴대. 신기하지? 신기하지?"

문득 아들이 학원에서 배웠다며 자랑하던 것이 떠올랐다. 아들은 새로운 사실을 알게 되었다며 저렇게 기뻐하는데, 실제로 비행기가 높이 올라가자 그림자가 생기지 않는 모습을 보게 된 김의심 씨는 너무나 화가 났다. 그래서 그는 아들이 다니는 과학 전문 학원을, 거짓된 정보를 흘린 혐의로 물리법정에 고소하였다.

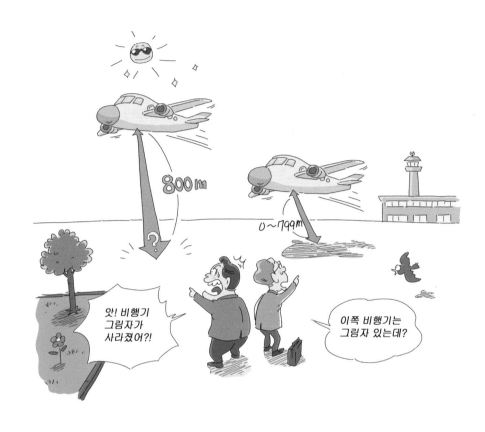

태양이 비행기에 비해 너무 크기 때문에 비행기가 높이 날면
그 그림자가 땅에 도달하지 못하는 경우가 생깁니다.

과학공화국
물리법정 3

비행기는 왜 그림자가 생기지 않을까요?
물리법정에서 알아봅시다.

🧑 원고 측 변론하세요.

🧑 이번 사건은 한 과학도를 꿈꾸는 아이의 미래를 짓밟아 버린 사건이라 할 수 있습니다.

🧑 예? 지금 그건 너무 지나친 말씀 아닌가요?

🧑 지나치다니요! 아이들에게 잘못된 과학 정보를 가르치는 일이 우리나라 미래의 과학자를 망가뜨리는 일이 아니고 뭐란 말입니까. 친애하는 재판장님. 지금 피고는 아이들에게 과학을 가르치는 중대한 임무를 맡고 있는 사람입니다. 그런데 그런 학원에서조차 이렇게 잘못된 정보를 가르쳐 주니, 어떻게 어린이들이 믿음을 가지고 과학을 배울 수가 있겠습니까. 이번 사건은 그냥 넘어갈 일이 아니라고 생각합니다.

🧑 음, 그렇게까지 생각하지는 않았는데, 물치 변호사의 말을 듣고 보니 일리가 있는 말이군요. 만약 아이들에게 과학적 정보를 잘못 가르쳐 준다면, 그건 큰 문제가 되겠지요.

🧑 판사님, 제 얘기도 들으셔야죠.

🧑 아, 그렇죠. 피즈 변호사 변론하세요.

🧑 저는 태양 전문 연구소 소장이신 해바라기 씨를 증인으로 요

청하는 바입니다.

해바라기 씨는 멀대같이 큰 키에, 깡마른 체형이었다. 그
의 그런 호리호리함에도 불구하고, 모두 그를 보고 웃음보
를 터트린 것은 유난히 큰 얼굴 때문이었다.

해바라기 박사님, 태양 전문 연구소는 무엇을 하는 곳인가요?

태양의 일식 현상에서부터 태양 주위에 일어나는 오로라 현
상 같은, 태양 전반에 대한 모든 연구를 맡고 있지요.

그럼 태양에 관한 것이라면 척척박사시겠군요?

그럼요, 당연하죠. 저는 태양 관련 논문도 열 개 넘게 발표했
을 뿐만 아니라, 방송국에서도 취재 요청이 자주 들어와서 바
쁜 하루하루를 보내고 있지요. 제가 인기가 좀 있거든요.

하하, 그러시군요. 어쩐지 얼굴이 태양처럼 크시다 했어요.

지금 제 얼굴을 가지고 시비 거는 건가요?

아, 아니, 제 말은…… 참, 이 사건에 대해서는 들으셨죠?

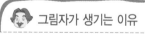

그림자가 생기는 이유

빛이 나아가는 중간에 물체가 있으면 빛이 물체를 통과하지 못하고 빛의 진행 방향 반대편에 그림
자가 생기게 됩니다. 햇빛에 의해 생기는 물체의 그림자는 아침엔 길어지고 낮에는 짧아집니다. 또
한 그림자의 위치도 변하는데 이것은 해의 위치 변화 때문입니다.

듣긴 들었습니다만, 얼굴만 큰 제가 묻는 말에 제대로 대답할
수 있을지 모르겠군요.

아이…… 왜 그러세요. 실은 제가 궁금한 건 비행기가 머리
위로 날아갈 때 비행기 때문에 어두워진 적이 없었는데, 그건
비행기의 그림자가 안 생긴다는 의미인가요?

그럼 얼굴 큰 제가 한 말씀드리지요. 한마디로 얘기하자면,
그렇지 않습니다. 비행기의 그림자는 만들어지지요. 다만 우
리 눈에 보이지 않을 뿐입니다.

예? 그림자는 만들어지는데 우리 눈에 보이지 않는다고요?
그게 무슨 말이죠?

태양이 너무 크기 때문에 비행기가 땅 위를 높이 날면 그 그
림자가 땅에 도달하지 못하는 경우가 생기지요. 만일 태양이
점처럼 작다면 비행기가 어떤 높이로 날아도 그림자가 생기
겠지만, 태양이 워낙 크기 때문에 그런 일이 생기는 거죠.

그럼 비행기가 낮게 비행하면 그림자가 생긴단 말씀이세요?

물론입니다.

대체 어느 정도로 낮게 떠야 그림자가 생기지요?

800미터 아래로 나는 비행기는 그림자가 생기지요. 하지만
그 이상의 높이로 나는 비행기는 그림자가 생기지 않습니다.

아, 그렇군요. 그럼 과학 전문 학원에서 김의심 씨의 아들에
게 잘못된 정보를 가르쳐 준 것은 아니군요.

그렇습니다. 과학적으로 충분히 맞는 얘기지요. 태양빛 아래에 있으면 모든 물체는 그림자가 생기기 마련이니까요.

친애하는 재판장님, 학원에서 가르친 과학적 지식이 사실이라면 더 이상 재판을 진행시킬 의미가 없는 것 아닌가요?

그렇군요. 이제 판결하도록 하겠습니다. 이번 재판은 김의심씨의 지나친 의심에서 비롯된 것 같습니다. 태양빛 아래 있는 모든 물체에는 그림자가 생긴다는 사실이 과학적으로 맞지 않다고 생각한 김의심 씨는 학원을 대상으로 고소하였지만, 이것은 과학적으로 맞는 사실이니, 학원은 아무 죄가 없다고 볼 수 있습니다. 김의심 씨가 비록 고소는 하였지만, 그것 역시 자신의 아들이 행여 잘못된 정보를 배우게 될까 노심초사하는 부모의 마음에서 비롯된 것으로 여겨집니다. 따라서 이

태양 주위에는 무엇이 있을까요?

코로나: 태양의 가장 바깥쪽을 이루는 대기층으로 수백만 km까지 뻗어 있다. 온도는 약 100만°C이고 그 빛은 매우 약하므로 평소에는 광구(태양을 볼 때 밝고 둥글게 보이는 부분)의 밝기 때문에 측정할 수 없다.

홍염: 태양의 표면에서 뿜어 올라오는 거대한 가스의 불기둥으로, 모양과 크기는 여러 가지이며 수십 km의 높이에 달하는 경우도 있다. 홍염의 활동은 흑점의 수가 많아지는 때에 더 크고 활발하다.

플레어: 태양 대기 속에서 일어나는 폭발 현상으로 다량의 양성자, 전자, X선 등이 나오게 됩니다. 이때 방출된 X선과 자외선 등이 지구의 전리층에 부딪혀 그곳의 전자 밀도를 더욱 증가시켜 통신을 방해하는 델린저 현상을 일으킨다.

번 재판은 누구에게도 잘못이 없는 것으로 판결하겠습니다.

재판 후, 김의심 씨는 새삼 자신의 의심하는 습관이 이렇게 큰일을 불러올 수도 있다는 것에 대해 반성하였다. 그리고는 자신의 과학적 지식 부족이 이번과 같은 소송을 일으켰다는 사실을 인정하고, 아들과 함께 과학 전문 학원을 다니기로 하였다.

빛으로도 차가 가나요?

물체가 빛의 속력으로 달릴 수 있을까요?

아마추어 물리학자인 신기한 씨는 항상 새로운 것을 발명하는 사람이다. 그런데 이상하게도 신기한 씨의 발명품은 이론적으로는 멋있지만 작동이 잘 되지 않는 편이었다.

그러던 어느 날 신기한 씨가 기자들이 모인 자리에서 말했다.

"노를 뒤로 저으면 배가 앞으로 가지요? 이건 바로 작용·반작용의 원리 때문입니다. 나는 작용·반작용의 원리를 이용하여 빛의 속력으로 갈 수 있는 차의 설계도를 만들었습니다. 그 차가 완성되면 인류는 우주를 맘껏 여행할 수 있을 것입니다. 나의 광전카는 꿈의 차인 셈이지요."

그의 인터뷰 내용은 많은 파장을 몰고 왔다. 그의 인터뷰가 신문과 방송을 통해 나간 뒤 많은 투자자들이 그에게 제작비 명목으로 거액을 투자했다.

신기한 씨는 3개월 동안 두문불출하면서 기존의 자동차를 광전카로 개조하는 작업에 몰두했다. 그리고 약속한 날이 되어 그는 투자자들 앞에서 빛의 속력으로 달릴 수 있는 광전카를 시운전하게 되었다.

시동을 걸자 차가 출발했다. 사람들은 1초 만에 차가 거의 달 근처까지 갈 거라고 기대했지만 차는 시속 100킬로미터를 조금 넘을 뿐이었다.

이에 화가 난 투자자들은 사기 혐의로 신기한 씨를 물리법정에 고소했다.

빛은 질량을 가지고 있지 않기 때문에
작용과 반작용의 원리가 적용되지 않습니다.

빛의 속력으로 달리는 차를 만들 수 있을까요?
물리법정에서 알아봅시다.

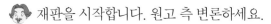

재판을 시작합니다. 원고 측 변론하세요.

이 재판은 할 필요도 없습니다. 왜냐고요?

무슨 자동차가 1초에 30만 킬로미터를 갑

니까? 그게 자동차입니까? 로켓도 그 정도 속력은 어림없는

데 말입니다.

물치 변호사, 하고 싶은 얘기가 뭐요?

애초부터 투자비를 뽑아 내기 위한 사기극이었다는 얘기죠.

또 물리는 사용을 안 하는군! 좋아요. 피고 측 변론하세요.

신기한 씨를 증인으로 요청합니다.

노란 머리에 검은 뿔테 안경을 쓴 남자가 힘없는 표정으로
증인석에 들어왔다.

빛의 속력으로 차가 달릴 수 있습니까?

원리적으로는 가능합니다.

어떤 원리죠?

작용 · 반작용의 원리입니다.

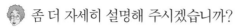 좀 더 자세히 설명해 주시겠습니까?

 풍선을 불었다 놓으면 앞으로 나아가죠? 그것은 풍선 안에 있
던 공기가 밖으로 나가면서 주위의 공기를 때리고, 맞은 공기
들이 반작용으로 풍선에 힘을 작용시켜 앞으로 나아가게 하
는 것이지요. 이때 풍선에서 공기가 빠르게 빠져나가면 풍선
이 빠른 속도로 날아가듯이, 자동차에서 빛을 뒤로 뿜어내면
그 반작용으로 차가 빛의 속력만큼 앞으로 나아갈 수 있다고
생각했습니다.

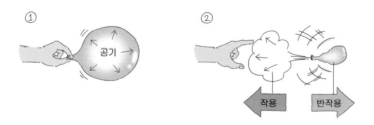

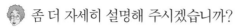 결정적인 실수를 했군요.

 뭐죠?

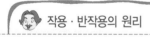 작용 · 반작용의 원리

두 물체가 서로 힘을 밀치고 있을 때, 한 물체가 다른 물체에 힘을 주면(작용) 반드시 크기가 같고
방향이 반대인 힘이 생기게 된다.(반작용)

작용과 반작용은 질량이 있는 두 물체 사이에서만 작용합니다. 그런데 빛은 질량이 없지요. 그러니까 빛을 뒤로 뿜어내도 차가 앞으로 나아가지 않는 것입니다.

 질량

물질의 양이 많고 적음을 나타내는 고유한 양으로 양팔저울로 측정하며 kg을 단위로 사용한다. 물체에 작용하는 중력의 크기인 무게와 달리 장소가 달라져도 물체의 질량은 변하지 않는다.

아하! 그렇군요. 마이 미스테이크!

피고 측은 원고 측 주장을 그대로 인정하는 것인가요?

비록 신기한 씨가 제작에 실패했다고는 하지만 만일 빛의 속력으로 날아가면서 질량을 가진 물질을 뒤로 뿜어낼 수 있다면 차는 빛의 속력으로 날아가게 됩니다. 신기한 씨는 그런 물질을 찾지 못해서 제작에 실패한 것이지요. 그 점을 헤아려 주시기 바랍니다.

판결합니다. 이론적으로는 가능하나 빛의 속력으로 움직이는 질량이 있는 물체를 찾지 못해 실험이 실패로 돌아갔다는 피고 측의 주장에도 일리가 있습니다. 인류는 항상 불가능해 보이는 것을 실현시키려고 노력해 왔고, 그런 도전은 과학자의 꿈이기도 합니다. 그러므로 비록 현재 실패했다고는 하나 신기한 씨의 도전 정신은 높이 사 줄 만하다고 생각해, 이번 사건에 대해서는 과학 사기죄를 적용하지 않을 생각입니다. 부디 광전카에 대한 좋은 결과가 있기를 바라며 이번 재판을 마칩니다.

난로와 빛

우리 눈에 보이지 않는 빛이 있을까요?

사건속으로

과학공화국에도 드디어 겨울이 오려나 보다. 물론 아직 가을에서 겨울로 넘어가는 중이라, 그렇게 기온이 많이 내려가지는 않았지만, 제법 쌀쌀한 날씨에 사람들의 옷도 점점 두꺼워지기 시작했다.

이절약 씨는 더 추운 겨울이 되기 전에 빨리 여행을 떠나야겠다고 생각했다. 예전부터 낙엽이 지는 가을에 분위기 있게 친구들과 여행을 떠나는 것을 꿈꿔 오던 그인지라, 올해는 꼭 가 보고 싶었다. 이절약 씨는 초등학교 동창 두 명과 낙엽산 여행을 계획하였고, 11월 10일 마침내 1박 2일 예정으로 출발하였다.

그런데 이절약 씨는 뭐든지, '절약, 절약'을 주장하는 남자였다. 그래서 하룻밤을 어디서 잘 것인지를 두고 친구들과 토론이 벌어졌다.

"이왕 자는 거, 좀 따뜻하고 좋은 데서 자자."

"무슨 소리야. 고작 하룻밤만 잘 건데, 왜 돈을 들여. 싼 곳으로 가자. 내가 미리 알아둔 곳이 있어. 좀 허름하긴 하지만."

"역시 이절약이야. 넌 못 당하겠다. 못 당하겠어."

그들은 시세보다 절반이나 싼 허름 여관에 숙소를 정하게 되었다. 하지만 역시 싼 데에는 이유가 있었다. 난방이 너무나도 부실했던 것이다. 겨울이 다 되어 가는데도 불구하고, 방에는 겨우 조그만 난로 하나만 있을 뿐이었다.

세 사람은 불을 끄고 자리에 누웠다. 내일 일정이 빠듯했기 때문에 일찍 자려고 했던 것이다. 그런데 너무 추웠다. 이불을 덮어도 난로만으로는 난방이 턱없이 부족했던 것이다.

"봐, 내가 돈 조금 더 주고 좋은 데서 자자니까."

"아니, 이상하네. 난로도 있는데 왜 이렇게 추운 거야."

결국 추위에 잠 못 이루던 이절약 씨가 일어나서 난로를 살펴보았다. 그런데 난로에서는 아무 빛도 나오지 않았다.

"이거 빨간빛이 안 나오네. 그 말인즉슨, 난로 안에 연료가 없단 얘기잖아. 뭐야…… . 지금 싼값에 묵었다고 우리를 냉방에서 재우려고 한 거야."

이절약 씨는 너무 화가 났다. 아무리 싼 방이라지만 최소한의 난방조차 하지 않은 여관 주인의 무책임함에 혀를 내둘렀다. 그는 여행에서 돌아오자마자 당장 여관 주인을 물리법정에 고소했다.

물체가 타면서 물체의 고유한 색깔이 나타나는데,
적외선은 사람들의 눈에는 보이지 않지만
열을 가지고 있는 빛의 일종입니다.

눈에 보이지 않는 빛이 있나요?
물리법정에서 알아봅시다.

🧑‍⚖️ 재판을 시작합니다. 원고 측 변론하세요.

👩 판사님, 이건 해도 해도 너무한 거 아닙니

까? 여관이 어떤 곳입니까. 따뜻하게 하룻

밤 묵기 위해 가는 곳 아닙니까? 그런데 추운 냉방에서 오들

오들 떨게 만들어 놓고, 여관 주인은 이절약 씨에게 숙박비

까지 받았습니다. 대체 해 준 게 뭐가 있다고 돈을 받는 거지

요? 따뜻한 밥을 주기를 했나, 따뜻한 방에서 재워 주기를

했나. 그저 냉방에 고장 난 난로를 하나 던져 주고 방치한 것

뿐입니다. 그런데 아끼고 아끼며 사는 이절약 씨에게 돈까지

뜯어내다니요. 처음엔 모르고 숙박비를 지불했지만, 그런 열

악한 환경에서는 오히려 여관에서 자 달라고 돈을 줘야 할

상황입니다. 허름 여관 측에서는 이절약 씨에게 정신적 피해

보상비를 지불하고, 그날 숙박비 전부를 돌려줄 것을 요청하

는 바입니다.

🧑‍⚖️ 그럼, 피고 측 변론하세요.

👨‍🦱 지금 원고 측에서는 여관 주인이 최소한의 난방조차 하지 않

았다는 이유로, 숙박비를 돌려줘야 한다고 주장합니다. 그러

나 과연 그럴까요? '하나로 난로'의 이온기 과장님을 증인으로 요청하는 바입니다.

배불뚝이 50대의 아저씨가 걸어 나왔다. 그는 날씨에 어울리지 않게 민소매에 반바지 차림이었다. 모두의 시선을 한 몸에 받으며 그는 증인석에 앉았다.

하하, 증인 옷차림이 그게 뭐요? 이 추운 겨울에.

우리처럼 난로와 늘 함께 생활하다 보면, 더워서 이렇게 옷을 입지요. 그만큼 우리 '하나로 난로'가 따뜻하단 얘깁니다.

여기는 자신의 회사를 홍보하는 곳이 아니라, 신성한 법정입니다.

아, 죄송합니다.

그럼 제가 몇 가지 질문을 드리도록 하죠. 일단 이온기 과장님은 난로 연구를 맡고 계시다고 들었는데요?

네, 저는 난로를 만드는 쪽이 아니라, 어떻게 하면 적은 열로 난로의 효과를 증대시킬 것인가, 뭐 이런 연구를 하고 있다고 보시면 될 겁니다.

그럼, 열에 대해서도 잘 아시나요?

그럼요. 난로의 원리를 이해하기 위해서는 가장 먼저 열에 대한 충분한 지식이 필요하지요. 뭐든 물어보세요.

제가 듣기로는, 보통 물체가 가열되면 빛이 나온다는데 사실입니까?

그렇습니다. 물체가 타면 그 온도에 따라 고유의 색깔을 내지요.

좀 더 구체적으로 말씀해 주시겠어요?

간단한 원리입니다. 온도가 낮을 때는 붉은색을 띠다가 온도가 올라갈수록 노랑, 파랑으로 변하고, 온도가 아주 높아지면 보라색을 내다가, 온도가 최고로 올라가면 모든 색깔의 빛이 섞여 흰빛을 내지요.

그렇군요. 그렇다면 이번 사건처럼 난로에서 불빛이 나오지 않은 경우는 고유의 색이 없었던 걸로 보아 물체가 타지 않은 것을 뜻하겠군요.

아니오. 그건 그렇지 않습니다.

왜죠?

빛에는 우리 눈에 보이는 빛만 있는 것이 아니거든요. 우리 눈에 보이는 빛을 **가시광선**이라고 부릅니다. 하지만 붉은빛보다 파장이 길어 우리 눈에 보이지 않는 **적외선**도 있고, 보랏빛보다 파장이 짧아 우리 눈에 보이지 않는 자외선도 있지요.

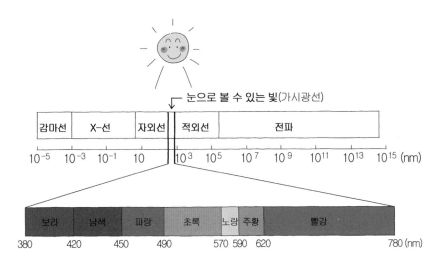

눈으로 볼 수 있는 빛(가시광선)

| 감마선 | X-선 | 자외선 | 적외선 | 전파 |

10^{-5} 10^{-3} 10^{-1} 10 10^3 10^5 10^7 10^9 10^{11} 10^{13} 10^{15} (nm)

| 보라 | 남색 | 파랑 | 초록 | 노랑 | 주황 | 빨강 |

380   420   450   490   570 590 620   780 (nm)

우리 눈에 보이지 않는 빛도 있단 말인가요? 아니, 대체 눈에 보이지 않는데 어떻게 느낄 수 있지요?

적외선은 눈에 보이지는 않지만 우리 피부를 떨리게 만들어 몸을 따뜻하게 만들어 준답니다. 그리고 자외선은 에너지가 강해 우리 몸을 태우는 역할을 하지요. 여름에 자외선을 차단하기 위해 선크림을 바르는 이유도 다 이 때문입니다.

그럼 이번 사건도 난로에서 빛은 나오지 않았지만, 연료를 태우고 있었다라고 볼 수 있겠군요. 물론, 이절약 씨가 너무 싼 방에서 묵기를 원했기 때문에 적은 연료를 태우다 보니 적외선만 방출되어 그 빛이 눈에 보이지 않았을 뿐이다, 이 말씀이시죠?

🧑 네, 그렇지요.

👩 그럼 지금 이절약 씨가 주장하는 바와 달리, 허름 여관 주인은 싼 숙박비에도 불구하고 나름대로 최선을 다했다고 볼 수 있습니다. 그러므로 여관 주인에게는 아무 잘못도 없다고 보는 바입니다.

🧑 판결하겠습니다. 본 사건은, 빛에 대한 정확한 이해가 없었기 때문에 일어난 일이라고 볼 수 있겠군요. 비록 난로에서 눈에 보이는 빛은 나오지 않았지만, 적은 연료로 적외선을 내고 있었다고 볼 수 있으니, 겉으로는 허름 여관 주인이 자신의 의무를 다한 것으로 보입니다. 그러나 추운 겨울이 다가오는데 싼 숙박비로 손님들을 현혹한 뒤, 난방이 제대로 되지 않는 방에서 난로 하나 켜 놓고 손님들을 재우는 것은 합당치 못하다고 봅니다. 고로, 허름 여관은 가격을 올리는 한이 있더라도 모든 방에 난방 시설을 완비할 것을 명하는 바입니다.

재판 결과대로 허름 여관은 새롭게 공사를 해야만 했다. 난방 시설을 포함하여 모두 고쳐야 했기 때문에 주인은 여관 이름은 물론 건물 전체를 현대식 시설로 고치기로 했다. 그래서 이름도 삐까뻔쩍 여관으로 고치고, 방 안 가구부터 페인트칠까지 분위기를 싹 바꾸었다. 그러자 손님들이 예전보다 훨씬 많아졌다. 이제 허름 여관

은 모두에게 잊혀지고, 삐까삔쩍 여관이 낙엽산의 등산객들을 사
로잡고 있다.

불이야! 불이야!

우리가 빛을 선택해서 통과시킬 수 있을까요?

과학공화국 서부 제르피아시의 네이비 학교에서 일어난 일이다. 네이비 학교는 매년마다 각 학년끼리 소풍을 가곤 했다. 이번 소풍에서는 거의 대부분이 야외로 나가기로 합의를 했고, 네이비 학교의 5학년 학생들 역시 야외 소풍으로 들떠 있었다. 5학년들의 소풍 장소는 레벤 호수였다. 레벤 호수는 초등학생들이 가장 많이 가는 소풍 장소로서, 아이들에게는 조금 식상할지 모르나 선생님들에게는 안전하고 편한 장소로 자주 애용되는 곳이었다.

레벤 호수에 5학년생들이 하나둘 모여들기 시작했다. 늦어서 허겁지겁 뛰어오는 아이, 손에 과자를 잔뜩 들고 오는 아이 등, 다들 들뜬 기색이 역력했다.

하지만 선생님들은 긴장을 늦출 수가 없었다. 혹시나 아이들에게 사고가 날까 봐 염려했던 것이다. 그중에 선생님들이 가장 유심히 지켜보는 아이가 김장난 군이었다. 그는 유난히 장난이 심했다. 학교에서도 사고를 워낙 자주 일으키는 아이라 더욱 신경을 써야 했던 것이다.

무사히 소풍이 잘 끝나는 듯싶었다. 레벤 호수에서 노래도 부르고, 자유 시간도 주고, 점심도 먹고, 아이들은 자기들끼리 까르르 웃으며 즐거워했다.

순간 조용하던 김장난 군의 장난기가 발동했다. 조용하다 싶었는데, 장난을 구상하고 있었던 것이다. 학교에서 선생님들의 사랑을 한 몸에 받고 있는 조신해 군이 꾸벅꾸벅 졸고 있는 것을 보고 바로 계획을 감행했다.

살금살금 조신해 군에게 다가간 김장난 군은 조신해 군의 안경을 살며시 벗겨서 빨간색 매직으로 새빨갛게 색칠해 버렸다. 그리고는 다짜고짜 조신해 군의 귀에 대고 '불이야! 불이야!'를 외쳤다. 놀라 잠에서 깬 조신해 군은 세상이 온통 불바다로 보였다. 그는 어쩔 줄 몰라 하며 허둥대다가 결국 '꽈당' 넘어지고 말았다. 안경이 깨지고, 무릎도 다치고, 조신해 군은 놀란 가슴에 좀체 안정을 찾지 못하였다.

조신해 군의 엄마는 이 소식을 듣고 너무나 화가 났다. 아무리 장난이라고는 하지만 이번 장난은 좀 심했던 것이다. 조신해 군의 울상이 된 얼굴을 본 엄마는 결국 참지 못하고 김장난 군을 물리법정에 고소했다.

색깔이 없는 안경알은 모든 빛을 다 통과시키지만
새빨갛게 칠해진 안경알은 사물에서 반사된 붉은빛만
들어오게 되면서 세상이 온통 붉은색으로 보이게 됩니다.

여기는 물리법정

붉은 셀로판지로 보면 모두 붉게 보이는
이유는 뭘까요?
물리법정에서 알아봅시다.

 피고 측 변론하세요.

 이런 장난이 왜 이 법정까지 오게 되었는지

저는 이해가 되질 않습니다. 이건 그냥 단

순한 장난입니다. 초등학교 때 누구나 친구 필통을 몰래 숨겨

놓기도 하고, 친구들이 고무줄놀이를 하고 있으면 몰래 다가

가서 고무줄을 끊기도 합니다. 어릴 때 치는 장난은 다 용서

받을 수 있는 겁니다. 어떻게 보면 이번 장난두 귀엽지 않습

니까? 얼마나 어린이다운 생각입니까. '빨간색 안경을 씌우

면 온 세상이 붉게 보일 거야'라는 생각. 물론 장난으로 인해

조신해 군이 조금 다치긴 하였으나, 김장난 군이 일부러 그런

것도 아니지 않습니까. 그저 단순히 안경으로 장난을 치고 싶

었던 것뿐입니다. 그러므로 이 정도는 너그러이 넘어갈 수 있

는 일이라는 것이 본 변호사의 생각입니다.

 음, 그렇군요. 그럼 원고 측 변론하세요.

물론 웃어넘길 수 있는 장난이었다면 저도 이해를 합니다. 하

지만 이번 일은 커다란 위험을 초래할 수도 있는 장난이었습

니다. 어린이들에게 위험한 장난은 안 된다는 것을 가르쳐 주

어야지요.

그렇게 사람이 야박해서야. 그래서 피즈 변호사는 결혼을 못 하는 겁니다. 그렇게 사람들에게 야박하게 굴어서야 누가 결혼을 하려고 하겠습니까.

흠흠…… 재판과 관련된 말만 해 주십시오.

저는 이 장난이 얼마나 위험했는가를 보여 드릴 것입니다. 그래서 김장난 군의 장난이 자칫하면 정말 큰 사고를 일으킬 수 있었다는 걸 증명하려 합니다. 일단, 증인으로 선글라스 제조 회사에서 일하는 안과장 씨를 요청하는 바입니다.

누가 선글라스 제조 회사에서 일하는 사람 아니랄까 봐, 빛이라고는 형광등밖에 없는 법정에 안과장 씨는 커다란 선글라스를 낀 채 당당히 증인석에 앉았다.

증인은 다양한 선글라스를 써 보셨나요?

물론입니다. 선글라스를 만들기 위해서는 아무래도 많은 선글라스를 써 봐야겠죠.

그럼 안경도 많이 써 보셨나요?

당연한 말씀을. 안경과 선글라스는 떼려야 뗄 수 없는 바늘과 실 같은 녀석들이라 볼 수 있는걸요.

하지만 안경을 쓰고 볼 때와 선글라스를 쓰고 볼 때는 세상이 달라지잖아요?

물론이죠. 안경은 투명한 유리로 만듭니다. 즉 모든 색깔의 빛이 마음 놓고 통과하는 물질로 만들지요. 그래서 유리로 된 안경을 쓰면 붉은 물체는 붉은색으로, 파란 물체는 파란색으로 보이는 것입니다.

제가 궁금한 건, 안경알에다가 붉은 펜으로 칠하면 어떤 현상이 벌어질까 하는 거예요.

음, 쉽게 설명하자면 조금 돌아갈 필요가 있겠군요. 붉은 셀로판지 보신 적 있으시죠? 그 붉은 셀로판지에는 붉은색의 빛만 통과됩니다. 안경알에 검은색, 노란색, 파란색 등의 색을 넣지 않고 투명하게 하는 건 모든 빛이 다 들어오게 하기 위해서죠.

아, 그렇군요. 그래서 안경알은 모두 투명한 거로군요.

만약 안경알을 붉은 펜으로 칠했다면 붉은 셀로판지와 같은 현상이 생기게 됩니다. 안경에 사물에서 반사된 붉은빛만 들어오게 되는 것이죠. 그럼 분명 온 세상이 불바다로 보였을 겁니다.

거기다 '불이야'라고 외치기까지 했다면, 조신해 군이 당황하고 놀란 건 당연하겠네요. 안 그래도 불바다인 세상인데.

네, 그렇다고 볼 수 있죠. 정말 위험한 장난이라고 할 수 있습

니다. 그 정도로 다친 게 다행이지, 온 세상이 불바다인 줄 알고 호수 속으로 풍덩 뛰어들기라도 했다면. 아고, 정말 아찔합니다.

친애하는 재판장님, 이렇게 위험한 장난이었는데도 그냥 봐주시기만 하실 겁니까?

물리학은 좋은 곳에 사용하면 문명의 발전을 가지고 오지만, 장난이나 나쁜 짓에 사용하면 다른 사람들에게 고통을 줄 수 있다는 것을 이 사건을 통해 확인했습니다. 아이들이 아직 어리기 때문에 저지를 수 있다고는 생각되지만, 자칫 당한 아이는 큰 사고로 이어질 수도 있었던 만큼 김장난 군에게 과학자들의 전기 열 권을 읽고 독후감을 써 내라는 것으로 판결을 마치려 합니다.

가시광선

여러분은 여기저기서 많은 빛을 보죠. 태양빛, 형광등 빛, 네온 사인 빛 등. 빛에는 두 종류가 있어요. 눈으로 볼 수 있는 빛과 눈으로 볼 수 없는 빛이죠. 여러분의 눈에 보이는 빛을 가시광선이라고 불러요. 가시광선을 이루는 포톤(photon, 광양자 = 빛의 입자)은 빨강에서 보라까지 일곱 종류예요. 이들이 섞여 여러 색깔의 빛을 만들어 내죠. 특히 일곱 종류의 포톤이 모두 섞이면 흰 빛이 됩니다.

눈에 안 보이는 빛

이제 여러분의 눈으로 볼 수 없는 빛에 대해 얘기하죠. 아마 여러분은 **적외선**이나 **자외선**이라는 말을 들어 보았을 거예요. 바로 이것들이 눈에 안 보이는 빛입니다.

깜깜한 방에서 난로를 켜면 아무 빛도 보이지 않죠? 하지만 몸은 따뜻해질 거예요. 이것은 난로에서 우리 눈에 보이지 않는 적외선이라는 빛이 나오기 때문이죠.

적외선을 이루는 포톤들은 빨강 포톤보다도 에너지가 작아요. 또한 적외선은 인체에 해롭지 않고 살균 소독 기능까지 하지요.

이번에는 자외선에 대해 얘기하죠. 자외선도 눈에 보이지 않는

54

빛 중 하나예요. 자외선은 보라 포톤보다 에너지가 더 큰 자외선 포톤들로 이루어져 있어요. 자외선은 에너지가 크기 때문에 순간적으로 사람의 피부를 태울 수 있죠.

그래서 자외선이 심할 때는 자외선으로부터 피부를 보호하기 위해 몸에 선크림을 바르죠. 자외선을 너무 많이 쬐면 얼굴에 기미, 주근깨가 생기거나 심하면 피부암을 일으킬 수도 있어요.

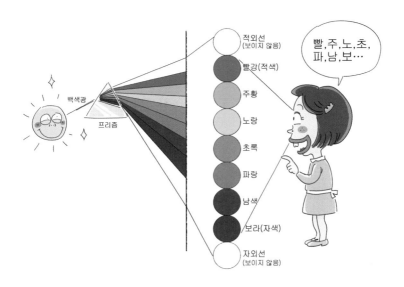

우리의 눈에 보이지 않는 빛에는 인체에 해롭지 않고
살균 소독의 기능이 있는 적외선과 너무 많이 쬐면 얼굴에 기미, 주근깨가 생기며
심하면 피부암을 일으킬 수 있는 자외선 등이 있습니다.

과학성적 끌어올리기

물체의 색깔

물체가 어떤 색깔을 띠는 것은 그 색깔의 빛만이 반사되어 우리 눈에 들어오기 때문이죠. 빨간 물체는 빨간빛만 반사하고 다른 색깔의 빛은 모두 흡수하지요. 그러니까 빨간 물체에서 반사된 빛에는 빨강 포톤들만이 있지요. 그래서 빨간 물체는 빨갛게 보이는 거예요.

물체가 모든 색깔의 포톤을 흡수한다면 그 물체에서 반사된 빛은 없지요. 그러니까 눈으로 그 물체를 쳐다보아도 눈에 들어오는 빛은 없어요. 이때 물체는 검은색으로 보이게 된답니다.

반대로 물체가 모든 색의 빛을 반사하면 우리 눈에 모든 색의 포톤들이 들어와요. 이들이 섞인 물체는 흰색으로 보이게 되죠.

또한 물체가 빨강과 주황, 노랑을 반사시키면 물체는 불그스름한 색을 띠게 되지요.

하늘은 왜 파란가요?

하늘에는 공기들이 살고 있어요. 태양 빛이 공기와 충돌하면 주로 파란색이 반사되지요. 그래서 하늘이 파랗게 보이는 거랍니다.

구름은 왜 하얀가요?

세상에는 뚱뚱한 사람도 있고 마른 사람도 있듯이 구름 속에도

56

큰 물방울은 주로 빨강 빛을 반사시키고
작은 물방울은 주로 파랑이나 보라색의 빛을 반사시킵니다.

57

크고 작은 물방울들이 살고 있어요. 큰 물방울은 주로 빨강 빛을 반사시키고, 작은 물방울은 주로 파랑이나 보라색의 빛을 반사시키죠. 그러니까 크고 작은 물방울들이 일곱 가지 색의 빛을 반사시키게 되므로 이것들이 섞여 흰색으로 보이는 거죠.

먹구름은 왜 검은가요?

흰 구름과는 달리 먹구름을 이루는 물방울들은 아주 크지요. 그래서 어떤 색깔의 빛도 반사시키지 않아요. 그러니까 먹구름으로부터 우리 눈에 들어오는 빛은 없죠. 그래서 먹구름은 검게 보이는 거랍니다.

저녁노을이 빨간 이유

저녁때는 태양이 낮게 떠 있죠. 태양빛 중에서 파랑 빛은 사방으로 퍼져 나가는 성질이 있어요. 하지만 빨강 빛은 사방으로 잘 퍼지지 않기 때문에 먼 곳까지 갈 수 있어요. 그래서 저녁노을이 붉게 보이는 거예요.

투명

유리를 통해 밖을 보면 유리가 없을 때 보이는 색깔 그대로 보이

죠? 그건 유리가 모든 빛을 그대로 통과시키는 성질을 가지고 있기 때문이죠. 즉, 유리가 투명하기 때문이에요. 유리창을 통해 밖에 있는 초록색 나뭇잎을 봅시다. 나뭇잎이 초록색으로 보이죠? 그건 나뭇잎이 반사시킨 초록빛이 유리를 통해 들어오기 때문이죠.

선글라스

선글라스를 쓰고 세상을 보면 어둡게 보이죠? 같은 유리인데 왜 선글라스를 쓰면 어둡게 보일까요? 선글라스는 보통의 유리처럼 모든 빛이 들어오지 않아요. 오히려 빛이 들어오지 못하게 하죠. 그래서 선글라스를 쓰고 물체를 보면 물체에서 나온 빛을 선글라스가 막아 주기 때문에 물체 원래의 색깔대로 보이지 않는 거죠.

선글라스와 비슷한 역할을 하는 것으로 자동차의 선팅을 들 수 있어요. 한여름에 차 안으로 들어오는 빛은 차 안을 뜨겁게 만들죠. 하지만 차 유리창에 선팅을 하면 밖의 빛이 차 안으로 들어오는 것을 막아 주니까 차 안을 시원하게 할 수 있죠.

셀로판지

여러분은 셀로판지를 통해 물체를 본 적이 있을 거예요. 빨간 셀로판지는 빨강 빛만 투과시키고 다른 색깔의 빛이 지나가는 것을 막죠. 그러니까 빨간 셀로판지로 세상을 보면 세상이 온통 빨갛게 보이겠죠?

그림자

전구나 태양처럼 빛을 내는 물체를 **광원**이라고 합니다. 광원에서 나온 빛이 물체에 가려지면 그 부분으로 빛이 가지 못해서 그림자가 생기죠. 물체는 그대로 두고 광원을 물체 쪽으로 가까이 가져가면 그림자는 커지지만 흐릿해져요. 광원이 크면 그림자의 가운데는 진하고 주위는 흐릿하죠. 진한 그림자를 본그림자라고 하고, 흐릿한 그림자를 반그림자라고 해요.

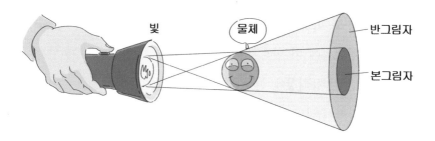

같은 거리에서 물체의 그림자가 더 진하게 생기는 광원이 더 밝은 광원이죠. 태양은 아주 밝은 광원이기 때문에 달보다 멀리 떨어져 있어도 더 진한 그림자를 만드는 거예요.

제2장

빛의 반사와 굴절에 관한 사건

렌즈 – 할아버지 안경

신기루 – 하늘을 나는 빙산

구면거울 – 코믹 거울

빛의 굴절 – 수영장 소개팅

오목거울 – 오목거울 빌딩

할아버지 안경

눈의 망막에 상이 안 맺힐 때는 어떻게 해야 할까요?

사건속으로

과학공화국에는 요즘 뜨고 있는 직업이 있었다. 바로 안경 매니저인데, 안경 매니저란 쉽게 말하면 눈이 나쁜 사람들의 눈에 맞는 안경을 골라 주는 직업이었다. 안경 매니저는 안경점을 차릴 수도 있고, 안과에서 안경에 대한 전반적인 지도를 해 줄 수 있기 때문에 많은 사람들이 안경 매니저를 하기 위해 자격증 공부를 하는 추세였다. 특히 요즘은 컴퓨터와 텔레비전의 생활화로 인구 5분의 4 이상이 안경을 쓰기 때문에, 안경 매니저는 더욱 각광받을 수밖에 없었다.

재미로 씨는 뭐든지 오래 하지 못하고, 무슨 일이든 관심만 잠깐 보이다 그만두는 성격의 소유자였다. 그런 재미로 씨가 이번에 관심을 갖게 된 것은 안경 매니저였다. 하지만 안경 매니저를 하고 싶어 하는 사람들이 자꾸만 늘어 가고 자격증을 취득하기가 점점 어려워지자, 재미로 씨는 광학 공부 또한 조금 하다 그만둬 버렸다.

그런 재미로 씨가 이번엔 또 뭘 해 볼까, 고민을 하며 지나가는데 한 할아버지가 길을 물었다.

"이봐, 총각. 내가 이 근처에 유명한 안경 매니저가 있다고 해서 찾아왔는데, 그 회사 사무실 이름이 뭐라더라. 여하튼, 이 근처에서 물어보면 다들 알 거라고 하던데."

"아, 눈사랑 매니저 회사를 말씀하시는구나. 그게 어디에 있느냐면요."

길을 설명해 주려던 재미로 씨는 순간 장난기가 발동했다. 어차피 자신도 안경 매니저 공부를 했으니, 자기 실력이면 충분하다고 생각한 것이다.

"근데 할아버지, 제가 안경 매니저거든요. 굳이 멀리 힘들게 찾아가시지 말고 저한테 물어보세요. 제가 처방해 드릴게요."

"아, 총각이 안경 매니저여? 아이고, 잘됐구먼. 안 그래도 걷는게 힘들어 어떻게 찾아가나 했더니만."

"네, 그러니까 말씀해 보세요."

"아, 실은 눈이 침침해져서 잘 보이지가 않아. 바로 앞에 있는 글

자도 잘 보이지 않으니."

"할아버지, 제가 쓰고 있는 안경이 오목렌즈니까 할아버지도 오목렌즈 안경을 하시면 되겠네요. 전 앞에 있는 건 잘 보여도 멀리 있는 건 안 보여서 안경을 쓰거든요. 그런데 할아버지는 앞에 있는 것도 안 보이시니, 강화 오목렌즈를 하시면 되겠네요."

"아, 그려 총각. 고맙구먼. 그럼 바로 안경점에 가서 그렇게 말하면 되는 거지?"

"네, 그렇지요. 강화 오목렌즈. 까먹지 마세요."

재미로 씨는 속으로 뿌듯했다. 자신이 할아버지에게 안경 매니저 노릇을 똑똑히 했구나 생각했던 것이다. 기분이 좋아져서 '끝까지 친절하게 해야지'라고 생각한 재미로 씨는 할아버지를 근처 안경점에 모셔다 드린 후 밖에서 기다렸다.

"이봐, 총각. 강화 오목렌즈로 맞추었네. 이제 잘 보이겠구먼. 고맙네, 고마워."

"아녜요. 한번 써 보세요."

"그래, 이렇게 쓰면. 아이쿠! 아이쿠!"

그 순간 할아버지는 어지럽다며 비틀거렸다.

"원래 이런 건가? 눈이 아프고, 이젠 머리까지 빙빙 돌아 어지러운 것 같아."

재미로 씨는 내심 걱정이 되었지만, 할아버지가 처음 안경을 써서 그런 거라고 생각했다. 할아버지에게도 처음 안경을 쓰면 누구나 그럴 수 있다고 한참 설명을 한 후 둘은 헤어졌다.

그리고 며칠 뒤, 재미로 씨 집에는 소환장이 하나 날아왔다. 할아버지의 아들이 재미로 씨를 상대로 잘못된 안경을 처방했다고 고소를 한 것이다. 재미로 씨는 영락없이 법정에 서게 되었다.

근시인 사람들은 오목렌즈를 사용하여 망막 앞에 모인 상을
망막에 맺히도록 하고, 원시인 사람들은 볼록렌즈를 사용하여
망막 뒤에 모인 상을 망막에 맺히도록 합니다.

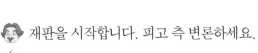

오목렌즈와 볼록렌즈의 차이는 뭘까요?
물리법정에서 알아봅시다.

재판을 시작합니다. 피고 측 변론하세요.

이번 사건을 다루면서 속담이 하나 떠올랐
습니다. 은혜를 원수로 갚는다는 말입니다.
재미로 씨는 지나가다 걷는 것을 힘들어 하는 할아버지께 안
경을 처방해 드렸습니다. 물론 안경 매니저 자격증을 따지 않
은 상황에서 그렇게 말씀드린 잘못은 인정합니다. 그러나 재
미로 씨도 광학을 조금이나마 공부했고, 본인 역시 안경을 쓰
고 있기에 성심성의껏 처방해 드린 것입니다.

만약 그 처방이 잘못되었다면요?

피즈 변호사! 처방이 잘못된 걸 본인이 알 정도면 안경 매니
저를 해야지요. 피즈 변호사가 광학이 뭔지, 안경이 뭔지 지
금 알고 하는 말입니까?

물치 변호사, 흥분을 가라앉히고 계속 진행하도록 하세요.

예, 판사님. 재미로 씨는 멀리 있는 게 잘 안 보여서 오목렌즈
안경을 쓰고 있었습니다. 그런데 할아버지는 가까운 게 보이
지 않는다는 겁니다. 그래서 자신의 렌즈보다 좀 더 강한 오
목렌즈 안경을 써야 잘 보이겠다는 생각을 한 겁니다. 그래서

직접 안경점에 모셔다 드리는 성의까지 보여 드렸는데, 이렇게 졸지에 고소를 당하다니요. 말이 안 되는 일 아닙니까?

으흠, 그렇군요. 그럼 이제 피즈 변호사, 원고 측 변론하세요.

친애하는 재판장님. 사람에게 있어서 눈이라는 기관은 어떤 기관입니까? 한번 나빠지면 다시 좋게 만들기 힘든, 무척이나 중요한 기관이 아닐 수 없습니다. 왜 우리나라에서 안경 매니저 자격증을 시험을 통해 주고 있겠습니까? 검증 받은 사람만이 눈을 다루어야 한다는 것 아닙니까?

그래서 지금, 사과하지 않았습니까? 안경 매니저 공부만 했다는 걸 미리 알리지 않고 처방해 준 것에 대해.

제가 얘기하고 싶은 건 그게 아닙니다. 만약 제대로 된 처방을 해 줬더라면, 이 법정까지 올 일은 결코 없었을 것입니다.

그럼 지금 재미로 씨가 잘못된 처방을 해 주었단 말입니까? 원래 처음 안경을 쓰면 어지럽고, 비틀거리는 건 당연한 일이죠.

이 자리에서 모두를 이해시키기 위해 증인을 요청합니다. 안경 매니저 단체 안사모 회장님이신 이보아 님을 증인으로 요청하는 바입니다.

조그마한 키에 통통한 얼굴을 가진 이보아 씨가 당당히 증인석에 앉았다. 그녀의 통통한 얼굴에 안경이 조금 끼는 듯한 느낌이었지만, 그녀는 아무 불편도 느끼지 않는 것 같았다.

안사모는 무엇을 하는 곳입니까?

안사모는 안경 매니저들을 관리하고, 안경에 관한 정보를 교환하는 곳입니다.

그럼 혹시 이번 사건에 대해서도 법정에 오기 전 얘기를 나누셨는지요?

물론입니다. 재미로 씨의 무책임한 행동에 저희는 모두 흥분했습니다.

지금, 안경 매니저 자격증 없는 사람이 안경을 처방했다고 재미로 씨를 무시하는 겁니까?

아닙니다. 안경 매니저 자격증이 있고 없고를 따진 것이 아니라, 그런 어처구니없는 안경 처방에 화가 났던 것입니다.

대체 안경 처방이 어쨌단 말씀이십니까?

물론 재미로 씨가 할아버지를 위한 마음에서 안경을 처방해 드린 것으로 이해할 수도 있으나, 원시인 할아버지에게 오목 렌즈를 처방하다니……. 엉터리 처방이라고 볼 수 있지요.

예? 원시라니요?

우리는 흔히 근시, 원시라는 말을 씁니다. 원시라 하면, 먼 거리의 물체는 잘 보이나 어느 한계 이상으로 가까운 곳에 있는 물체는 보이지 않는 것을 의미합니다. 그와 반대로 근시라 하면, 가까운 곳에 있는 것은 잘 보이지만 멀리 있는 것이 잘 보이지 않는 것을 의미한답니다.

그건 왜 그렇지요?

우리 눈의 수정체는 렌즈와 같은 역할을 하고 있어요. 그래서 눈으로 들어온 빛을 한 점에 모이게 하지요. 그 한 점을 초점이라고 부릅니다. 이 모인 빛이 망막에 도달하면 우리는 물체를 정확하게 볼 수 있게 되지요. 그런데 사람에 따라 수정체에 문제가 생겨서 초점이 망막 앞에 생기거나 뒤에 생길 수 있는데 그럴 때 망막 앞에 초점이 생기면 근시가, 뒤에 생기면 원시가 됩니다.

그럼 근시냐 원시냐에 따라 렌즈의 처방이 달라져야 한단 말씀인가요?

네, 그렇습니다. 근시인 사람들의 경우에는 수정체 앞에 오목렌즈를 사용하여 망막에 초점이 생기게 해야 하고, 원시인 사람들의 경우에는 수정체 앞에 볼록렌즈를 사용하여 망막에 초점이 생기게 해야 합니다.

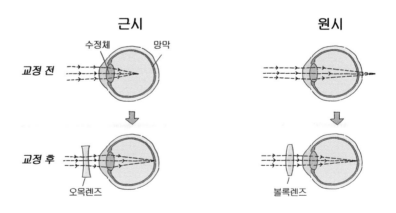

🧑‍🦳 그럼 할아버지의 눈은 가까이 있는 게 잘 안 보이므로 원시이고, 따라서 오목렌즈가 아니라 볼록렌즈를 처방했어야 하는 거로군요.

👩 그렇지요.

🧑‍🦳 이상입니다. 재미로 씨는 잘못된 처방을 함으로써 할아버지의 눈을 더욱 나쁘게 만들었습니다. 그러므로 재미로 씨에게 모든 잘못이 있다고 여겨집니다.

🧑 그렇군요. 판결하겠습니다. 일단 이 사건에서 재미로 씨의 잘못은 명백한 것으로 보입니다. 자신이 안경 매니저 자격증을 소지하지 않았음에도 불구하고 안경 매니저라고 한 것은 분명한 사기죄에 해당됩니다. 게다가 잘못된 처방이 할아버지에게 큰 피해를 주었음도 부인할 수 없는 상황입니다. 그러나 할아버지에게 일부러 악의를 가지고 거짓말을 했다거나, 잘못된 처방을 한 것으로 보이지는 않는 바, 나빠진 할아버지의 눈을 대신해 할아버지를 보살피고 할아버지의 눈이 되어 줄 것을 명하는 바입니다.

재판 후, 재미로 씨는 할아버지를 매일 찾아가야만 했다.

"이렇게 늙고 재미없는 사람이랑 무슨 얘기를 하며, 어떻게 보살펴야 한단 말이야. 그냥 안경 값이나 치러 주면 되지."

처음에 그는 이렇게 투덜대며 억지로 할아버지 집을 찾았다. 그

런데 마치 자식처럼 재미로 씨를 대하는 할아버지의 태도에 그의 마음도 서서히 열렸다. 할아버지 역시 비록 눈이 더 나빠지긴 했지만, 새로운 아들이라도 얻은 것처럼 그가 찾아오는 것이 기쁘기만 했다. 그렇게 처음에는 재판의 결과에 따라 할 수 없이 할아버지를 찾아가던 재미로 씨는 점점 할아버지의 힘든 삶을 이해하고, 많은 이야기를 통해 삶의 지혜를 배우게 되었다. 재미로 씨는 할아버지와 많은 애기를 나누면서, 무슨 일이든 조금만 힘들면 쉽게 포기하고 돌아서는 자신의 모습이 부끄러워졌다. 할아버지와 함께 있는 시간이 많아지면서 재미로 씨는 참 많은 것이 변했다. 누가 그러지 않았던가. 남자의 변화는 무죄라고.

하늘을 나는 빙산

신기루 현상은 무엇 때문에 생길까요?

이광파 씨와 조광속 씨는 럭셔리 동네에 살았다. 어릴 때부터 그 동네에서 살아왔던 둘은 소꿉친구 이기도 하지만, 늘 라이벌이었다. 그들은 어렸을 때 사소한 필통 자랑부터 시작해서, 커서는 누가 돈이 많은가까지 항상 경쟁하며 라이벌 의식을 키워 왔다.

어느 날, 이광파 씨가 아프리카로 사막 여행을 떠나게 되었다. 한 달여 동안 조광속 씨는 경쟁할 상대가 없다는 생각에 마음 편히 지낼 수 있었다. 그러나 이광파 씨가 사막 여행에서 돌아온 후 또 다시 라이벌 경쟁은 시작되었다. 이광파 씨가 사막에서 신기루 사진을 찍어 왔는데, 마을 사람들이 그 사진에 관심을 보이며 이광파 씨에 대해 좋은 평판이 돌기 시작한 것이다.

조광속 씨는 자신도 가만있으면 안 되겠다고 생각했다. 그래서 그는 얼른 짐을 싸서 북극 바다로 여행을 떠났다. 그 역시 사진을 많이 찍어 왔다. 북극의 멋진 설경들이 가득 담긴 사진들 중 가장 으뜸은 역시 북극의 신기루 사진이었다. 그 사진 속에서는 빙산이 하늘에 둥둥 떠 있는 것만 같았다.

"광파야, 이 사진 봤어? 내가 직접 찍어 온 거야. 뭐, 사막에서 신기루 발견하는 거야 흔한 일이지만, 북극에서는 쉽지 않은 일이지. 너 이런 거 직접 본 적 있어? 없지? 없지?"

조광속 씨의 사진 때문에 자신이 찍은 사막 신기루 사진은 점점 잊혀져 갔다. 하지만 이광파 씨는 아무래도 조광속 씨의 사진이 의심스러웠다.

'빙산이 하늘에 둥둥 떠 있는 사진이 말이 돼? 이건 분명 합성이야. 합성!'

결국 이광파 씨는 사진을 합성하여 마을 주민들을 속였다는 이유로 조광속 씨를 물리법정에 고소하였다.

북극 바다는 바다 쪽이 차갑고 하늘 쪽이 따뜻하기 때문에
빛은 공기가 적은 위쪽에서 공기가 많은 아래쪽으로 휘어지게 됩니다.
그래서 빙산이 하늘에 떠 있는 것처럼 보입니다.

🧑 독특한 재판이 될 것 같군요. 사진 한 장으로 고소까지 오는 경우는 흔치 않은 일인데. 여하튼 원고 측부터 변론하세요.

🧑 재판장님, 하늘에 빙산이 둥둥 떠 있는 모습을 보신 적이 있습니까? 저는 없습니다. 그리고 여러분 중에서도 아마 없으실 거라고 생각됩니다. 사막에서야 어렵지 않게 신기루를 볼 수 있다는 사실은 누구나 아는 일이지요. 그런데 북극에서 신기루라고요? 들어 본 적도 없는 말입니다. 신기루는 모래가 있어야 생기는 것입니다. 그러므로 사막에서나 신기루를 볼 수 있다, 이 말입니다. 북극에서는 신기루가 일어나지 않으니 빙산이 하늘에 떠 있는 것처럼 보일 리가 없지요. 고로, 지금 피고는 마을 사람들에게서 이광파 씨의 인기를 빼앗기 위해 거짓말을 하고 있는 것입니다. 누가 속을 줄 알고!

🧑 음, 그럼 피고 측 변론하세요.

🧑 저는 북극 연구소 실장을 맡고 있는 백웅 씨를 증인으로 요청합니다.

실장이라고 하기에는 젊은 20대 후반의 남자가 증인석에 앉았다. 검은 뿔테에 짧은 머리가 인상적인 남자였다.

북극 연구소는 무슨 일을 하는 곳인가요?

촌각을 다투는 중요한 이 시점에, 저에게 그런 걸 물어보신단 말입니까?

예?

북극의 빙산은 1분 1초가 다르게 서서히 녹고 있단 말입니다. 빨리 그걸 막기 위해 내가 날아가야 하는데, 지금 이 재판 때문에…… 나, 원, 참.

아, 북극에 긴박한 상황이 벌어지고 있는 모양이군요.

지금 장난하십니까? 내가 방금 말했잖아요! 똑같은 말 반복할 시간도 없어요. 빨리 물어볼 게 있으면 물어보세요.

아, 예. 그럼 빨리 진행하도록 하겠습니다. 지금 한 장의 사진이 논란이 되고 있습니다.

지금 고작 사진 한 장 때문에 저를 여기까지 오라고 한 겁니까? 아, 혈압!

실은 그 사진의 문제는 빙산이 하늘에 떠 있는 것처럼 보이는 신기루라는 데 있습니다.

추운 바다의 신기루는 당연히 그럴 수밖에 없어요.

왜 그렇죠?

더운 사막의 신기루는 하늘이 바닥에 비쳐 오아시스처럼 보이는 것이지요. 그래서 사람들은 쉽게 모래를 오아시스로 착각하곤 하죠. 아주 뜨거운 여름날 아스팔트에 물이 고여 있는 것처럼 보이는 것도 같은 현상으로 설명이 가능해요.

그럼 대체 왜 그런 현상이 생기는 거죠?

빛의 굴절 때문이지요.

굴절이라뇨?

더운 날에는 모래가 뜨거워지니까 공기들이 위로 올라갑니다. 그러면 아래쪽은 공기가 별로 없고 위쪽은 공기가 많아지지요. 그런데 빛은 공기가 적은 쪽에서 빨리 움직인답니다. 그래서 빛이 위쪽으로 휘어지게 돼요. 그래서 파란 하늘이 바닥에 있는 것처럼 보이게 되지요. 결국 사람들이 본 물은 땅에 비친 하늘인 셈이죠.

그렇군요. 그럼 왜 북극 바다에서는 빙산이 위에 떠 있는 것처럼 보인단 말입니까?

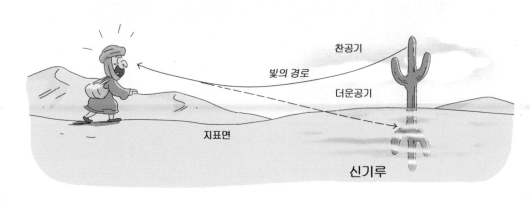

찬공기
빛의 경로
더운공기
지표면
신기루

 추운 북극 바다는 바다 쪽이 차갑고 위쪽이 따뜻하지요. 그러니까 공기가 아래쪽에 많아지게 되고, 겨울 바다에서는 빛이 아래쪽으로 휘어지게 돼요. 그래서 빙산이 위에 떠 있는 것처럼 보이는 겁니다.

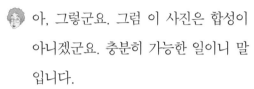 신기루

대기 중에서 온도차가 나는 공기에 의해서 빛이 굴절되는 현상으로 물체가 실제의 위치가 아닌 다른 위치에 있는 것처럼 보이는 현상이다. 두 가지로 나누어 볼 수 있는데 첫째는 지표면의 공기가 매우 차갑고 지표면의 위쪽이 따뜻할 경우 먼 곳의 물체가 떠올라보이거나 거꾸로 보이는 경우이며, 둘째는 여름철 오후와 같이 지표면의 공기가 매우 뜨거울 때 길바닥에 물웅덩이가 있는 것처럼 보이는 경우이다.

아, 그렇군요. 그럼 이 사진은 합성이 아니겠군요. 충분히 가능한 일이니 말입니다.

그런 건 나한테 물어볼 게 아니라, 사진 전문가한테 물어봐야지요. 그리고 다음부터 궁금한 게 있으면 나를 부르지 말고, 메일이나 전화로 물어보십시오. 1분 1초가 급하니까.

예, 감사합니다. 바쁘실 텐데 이제 나가 보셔도 좋습니다.

그럼 판결하도록 하겠습니다. 신기루 현상은 빛이 굴절되어 눈에 헛것이 보이는 현상입니다. 보통의 신기루는 위에 있는 것이 아래쪽에 보이지만, 추운 북극에서는 아래쪽에 있는 것이 위쪽에서 보이는 신기루가 만들어진다는 것이 과학적으로 입증되었습니다. 그러니 앞으로는 과학적으로 잘 알지 못하는 사람들이 왈가왈부하지 않는 사회가 되었으면 하는 바람입니다.

코믹 거울

거울에 따라 생기는 상의 차이는 무엇일까요?

과학공화국에는 몇 가지 수출 품목들이 있다. 그 중 하나가 바로 거울이다. 거울의 종류가 다양할 뿐만 아니라, 디자인 또한 거울의 쓰임새에 맞게 센스 있기 때문에 많은 나라들이 과학공화국에서 거울을 수입하고 있다. 그중에서도 수출량이 가장 많은 회사가 바로 코믹 거울 회사이다. 모두 이 회사의 코믹 거울을 일등으로 꼽는 것이다.

과학공화국이랑 바로 붙어 있는 자연공화국에 사는 도도해 양은 새로 이사를 해서 거울을 사러 가게 되었다.

"거울을 사려고 하는데, 어떤 거울이 좋을까요?"

"뭐니 뭐니 해도 거울은 코믹 거울이 최고지요. 센스 있는 아가씨라면 누구나 가지고 싶어 하는 거울인걸요."

"한번 보여 주세요. 이게 코믹 거울인가요? 음, 괜찮네요. 아침마다 옷매무새를 확인할 수 있게 전신 거울로 하나 살게요. 여기로 배달해 주세요."

도도해 양은 아침에 거울을 보지 않으면 출근을 하지 못할 정도로 공주병이었다. 늘 아침에 거울을 보며 자신의 매무새를 확인하고 나서야 안심하고 밖에 나가는 것이었다.

그런데 코믹 거울을 집에 단 뒤부터 이상하게 자신의 몸이 너무 말라 보였다. 앙상한 자신의 모습이 안쓰러워 보여, 도도해 양은 아침저녁으로 살을 찌우기 위해 틈틈이 음식을 먹었다.

그러던 어느 날, 친구들과 잘 가지 않던 백화점에 가게 되었다. 그런데 오랜만에 만난 친구들의 반응이 이상했다.

"너, 요즘 약 먹니?"

"무슨 약?"

"아니, 뭐, 요즘 약 먹으면 부작용으로 몸이 붓는 경우도 있다고 해서……."

"응? 딱 보기 좋은데 뭘."

"그래? 음……."

도도해 양은 친구들의 얘기를 듣고도 아직 사태의 심각성을 모르고 있었다. 그런데 백화점에 걸려 있는 거울을 통해 자신의 모습을 보고 그녀는 깜짝 놀랐다. 놀랍게도 엄청나게 살이 붙어 있었던 것이다. 분명 집에 있는 코믹 거울에 비치던 그녀의 모습이 아니었다. 비만에 가까울 정도로 살이 쪄 있었던 것이다.

도도해 양은 화가 났다. 휘어진 거울을 팔아서 자신의 몸매를 모두 망쳐 놓은 것이다.

"이대로 당할 수만은 없지. 당장 고소하겠어! 감히 날 망가뜨리다니."

결국 도도해 양은 물리법정에 코믹 거울 회사를 상대로 고소를 했다.

가까이에서 보았을 때 오목거울에서는
상체가 실제보다 커 보이고,
볼록거울에서는 상체가 실제보다 작아 보입니다.

구면거울에서는 상이 어떻게 달라질까요?
물리법정에서 알아봅시다.

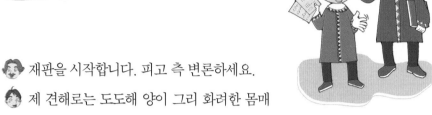

재판을 시작합니다. 피고 측 변론하세요.

제 견해로는 도도해 양이 그리 화려한 몸매도 아닌 것 같은데, 대충 코믹 거울로 자신의 변화된 몸매를 즐기면 되는 거지, 이런 걸 가지고 재판까지 하다니…… 여기서 끝냅시다, 판사님.

정말 너무하는군! 아무리 든든한 백이 있다고 하지만…… 원고 측 변론하세요.

거울 연구소 소장인 이거울 씨를 증인으로 요청합니다.

노랗게 염색한 머리에 핑크빛 티셔츠를 입은 30대 초반의 남자가 증인석에 앉았다.

거울 연구소는 뭐하는 곳이죠?

이름 그대로 거울의 물리학을 연구하는 곳입니다.

거울의 물리학이 뭐죠?

그건 거울의 종류에 따라 다릅니다.

거울에는 어떤 종류가 있습니까?

크게 평면거울과 구면거울이 있습니다. 평면거울은 이름 그대로 거울 면이 평면인 거울을 말합니다. 즉 평면거울에 비치는 상은 자신의 모습과 같은 크기가 되지요. 물론 좌우는 바뀌지만요.

그럼 구면거울은요?

구면거울은 면이 동그란 거울입니다. 구면거울에는 두 종류가 있지요.

어떤 것이 있습니까?

하나는 면이 볼록하게 앞으로 튀어나온 것으로 볼록거울이라고도 하지요. 반대로 면이 오목하게 안으로 들어간 거울을 오목거울이라고 부릅니다.

볼록거울로 보면 어떻게 보입니까?

자신의 모습이 작게 보이게 됩니다.

그럼 오목거울은요?

자신의 모습보다 더 크게 보이지요.

아하! 그렇다면 이제 이번 사건이 이해가 갑니다. 도도해 양이 사용한 코믹 거울은 구면거울이었군요.

네, 자신이 마르게 보인 것으로 보아 옆으로 휘어진 볼록거울이었을 것입니다.

판사님, 이상한 거울을 만들어 도도해 양의 몸매를 망치게 한 코믹 거울 회사에 이번 사건의 책임이 있다고 생각합니다.

원고 측 의견에 동의합니다. 물론 요즘 너무 지나친 몸매 관리도 문제지만, 거울의 기능은 자신의 모습을 정확한 크기로 보여 주는 데 있으므로 휘어진 거울을 만들어 사람들을 현혹시킨 코믹 거울은 향후 도도해 양의 몸매가 예전 그대로 돌아올 때까지 모든 비용을 부담할 것을 판결합니다.

수영장 소개팅

물속에서 다리가 실제보다 더 짧아 보이는 이유는 무엇일까요?

사건속으로

백한번 씨는 아직도 싱글이다. 추운 겨울이 다가오면 다가올수록 그의 외로움은 점점 더 커져만 갔다. 그래서 그는 결혼 정보 회사에 덜컥 가입을 하게 되었다. 듀스 결혼 정보 회사는 백한번 씨를 위해 데이트 연결을 아끼지 않았다. 100명 정도 만나 보면 결혼할 수 있을 거라 호언장담했던 듀스 결혼 정보 회사도 그가 정말 100번이나 데이트를 했는데도, 좋은 소식이 들리지 않자 점차 포기하기 시작했다. 백한번 씨는 겨울이 다가오자 마음이 더 다급해졌다.

'비록 내가 다리도 짧고, 옥동자를 닮은 얼굴 때문에 늘 차이긴

하지만, 그래도 그렇지 믿고 맡겼던 듀스에서까지 나한테 이럴 수 있는 거야?'

그러던 중 그는 새로운 결혼 정보 회사, 커플즈가 생겼다는 소식을 듣게 되었다. 그는 덜컥 커플즈에 가입하였고, 커플즈 측에서도 그에게 결혼이 성사될 때까지 최선을 다하겠다는 말로 그에게 믿음을 주었다.

커플즈에서 그를 담당하게 된 매니저 싱글남은 그의 결혼을 어떻게든 성사시키고 싶었다. 백한번 씨의 결혼을 성사시킬 방법을 며칠 동안 고민하던 싱글남은 좋은 생각이 떠올랐다. 바로 수영장에서 첫 만남을 갖는 것이다. 싱글남은 백한번 씨가 늘 다리가 짧다는 것에 스트레스를 받아 온 것을 알고 있었다. 그래서 물에 들어가면 사람들이 상체만 볼 수 있으니, 그의 짧은 다리를 눈치 챌 사람도 없고, 새로운 장소에서 새로운 사랑이 싹틀 수도 있을 거라는 기대감이 생겼다.

백한번 씨도 설레는 마음으로 수영장 데이트를 기다리고 있었다. 수영장 물속에 들어가면 자신도 킹카가 될 것만 같았다. 그러나 이게 웬걸. 수영장에 들어갔더니 자신의 다리가 더 짧아 보였다. 안 그래도 짧은 다리가 물속에 들어가자 더욱 짧아 보였던 것이다. 파트너도 왠지 자신의 다리만 계속 쳐다보는 것 같았다. 결국 그렇게 안절부절못하던 백한번 씨는 101번째로 여자에게 차이게 되었다. 그는 엄청난 좌절감을 경험해야만 했다. 생각할수록 화가 났다. 어쩐지 일부러 커플즈 측에서 자신에게 수영장 소개팅을 주선해 준 것만 같았다. 그래서 그는 결국 커플즈를 물리법정에 고소하게 되었다.

공기 중에 있던 빛이 다른 물질로 들어가면서 꺾이는 현상을
빛의 굴절이라 합니다.

여기는 **물리법정**

물속에서 다리가 짧아 보이는 이유는 뭘까요?
물리법정에서 알아봅시다.

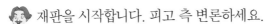

🧑‍⚖️ 재판을 시작합니다. 피고 측 변론하세요.

😆 요즘 결혼 정보 회사는 반짝이는 아이디어로 과거에는 생각지도 못했던 장소에서 젊은 남녀의 데이트를 주선하고 있습니다. 이번 커플즈의 수영장 소개팅도 그런 아이디어의 일종이었을 것입니다. 보아 하니 백한번 씨는 원래 숏다리인 것 같은데 뭘 커플즈에 책임을 묻고 그러십니까? 운명이라고 생각하고 혼자 사세요.

😠 이의 있습니다. 지금 물치 변호사는 원고의 인격을 심하게 모독하고 있습니다.

🧑‍⚖️ 인정합니다. 물치 변호사나 혼자 사세요.

😆 저 원래 혼자 사는데요.

🧑‍⚖️ 헉! 원고 측 변론하세요.

😠 굴절 연구소의 이휘어 소장을 증인으로 요청합니다.

다리가 바깥으로 휘어져 꾸부정하게 걷는 50대의 남자가 증인석으로 들어왔다.

굴절 연구소는 뭐 하는 곳입니까?

빛의 굴절을 연구하는 곳입니다.

굴절이 뭐죠?

빛이 공기 중에서 다른 물질로 들어가면 꺾이는 현상을 빛의 굴절이라고 합니다.

그럼 정말 물속에선 다리가 짧아 보이나요?

네, 뿐만 아니라 물속에 있는 물체는 실제 깊이보다 더 위에 있는 것처럼 보이게 되는데 이것도 빛의 굴절 때문에 일어나는 현상입니다.

그럼 이번 사건은 백한번 씨를 물속에 들어가 숏다리로 보이게 해 소개팅이 깨졌다고 볼 수 있겠군요.

그렇습니다.

저의 변론은 증인 심문에서 모두 한 것으로 하겠습니다.

판결합니다. 요즈음 여자들은 롱다리의 남자를 좋아하는 경향이 있다는 얘기를 들었습니다. 그런 시점에서 남녀 커플을 주선하는 회사가 남자를 숏다리로 보이게 하는 수영장을 소개팅 장소로 택했다는 것은 문제가 있다고 봅니다. 조금 더 빛의 물리학에 신경을 썼더라면 이런 장소를 섭외하지는 않았을 거라는 생각에서 이번 사건은 커플즈에 책임이 있음을 인정합니다. 이후 커플즈는 무료로 백한번 씨가 원하는 여자와 결혼에 골인할 때까지 최선을 다해 줄 것을 명령합니다.

오목거울 빌딩

오목거울의 초점에서 일어날 수 있는 일은 무엇일까요?

과학공화국의 크레디트시는 여러 가지 다양한 형
태의 건물들이 공존하는 곳이다. 크레디트시에 건
물을 세우기 위해서는 그 건물만의 창조적인 도안
이 있어야 한다. 그렇지 않다면 건물을 세우는 것을 허가해 주지
않는 분위기였다. 그런 엄격한 심사에도 불구하고 많은 회사들이
크레디트시에 건물을 세우고 싶어 하는 이유는 그 도시에 회사를
세우기만 하면 성공한다는 정설 때문이었다. 크레디트시에 본사를
두고 있는 회사치고 발전하지 않은 회사가 하나도 없었던 것이다.

독특해 씨는 자신의 자동차 회사 사옥을 크레디트시에 짓고 싶었다. 그런데 독특한 설계를 한다는 게 만만치 않은 일이었다.

'아, 크레디트시에 회사를 짓기만 한다면 우리 회사가 발전하는 건 시간 문제인데. 음, 어떻게 해야 그 도시에 건물을 짓도록 허락 받을 수 있을까?'

독특해 씨는 며칠 동안 밤낮으로 새로운 건물 구상에 몰두했다. 하지만 아무리 고민을 해 봐도 독특하고 새로운 형태의 건물을 짓기란 쉬운 일이 아니었다. 그러던 중, 잠깐 머리를 식히기 위해 자신의 회사 차가 진열되어 있는 전시장에 들렀다. 차들을 이리저리 둘러보며 휴식을 취하고 있는데 문득 좋은 아이디어가 하나 떠올랐다.

"오호라, 그거야. 새로운 형태의 건물이라고 해서 꼭 건물 모양만 독특해야 하는 건 아니잖아. 우리 회사의 유리창을 오목거울로 만드는 거야. 그럼 사람들 눈에 보이는 우리 회사는 충분히 새롭고 특이할 거야."

독특해 씨는 유리창을 오목거울로 만드는 안을 크레디트시에 제시했고, 시에서도 그 특이함을 인정하여 건물을 세울 것을 흔쾌히 허가해 주었다.

드디어 독특해 씨의 회사가 완공되고, 그의 회사는 초현대적인 느낌으로 많은 사람들의 이목을 받게 되었다.

독특해 씨의 건물 주변에는 다양한 회사와 시설들이 있었다. 그 중에 진나무 씨가 운영하는 목재소가 있었는데, 이상하게 독특해 씨의 건물이 완공되고 난 후부터 자꾸 목재들이 불에 타는 일이 발생하게 되었다.

"이상한 일이네. 지금까지 이렇게 목재들이 불에 타는 일은 없었는데. 대체 이유가 뭐지?"

"여보, 이제껏 그런 적이 없었잖아요. 독특해 씨의 회사가 들어오고 난 다음부터 자꾸 그런 일이 생기는 것 같아요. 그렇죠?"

"음, 그렇군. 그리고 보니 그 회사가 들어온 뒤부터 자꾸 목재들이 탄단 말이야."

진나무 씨는 아무래도 독특해 씨의 건물 때문이라는 생각을 지울 수가 없었다. 그래서 독특해 씨에게 건물을 이전해 줄 것을 요청했지만, 독특해 씨 입장에서도 아무 이유 없이 진나무 씨의 요구를 받아들일 리 없었다. 결국 그 둘은 분쟁을 하다가, 물리법정에 판결을 부탁하게 되었다.

오목거울은 빛을 모으는 성질이 있기 때문에
빛의 초점에서 강한 열이 발생합니다.

오목거울은 어떤 성질이 있을까요?
물리법정에서 알아봅시다.

판결을 시작합니다. 피고 측 변론하세요.

이게 무슨 황당무계한 경우입니까? 지금 원고는 아무 이유 없이 독특해 씨에게 회사를 이전해 줄 것을 요구하고 있습니다. 독특해 씨의 회사가 들어온 이후로 자신의 목재가 자꾸 불탄다는 이유를 들면서 말입니다. 목재가 불탄다면 자신의 관리 소홀을 탓해야지 어디 남 탓을 합니까?

음, 좋아요. 원고 측 변론하세요.

판사님, 물론 진나무 씨가 독특해 씨의 회사 이전을 정확한 설명 없이 요구했다는 것은 알고 있습니다. 그런데 그의 목재가 타는 것에는 분명 독특해 씨의 건물이 관련되어 있습니다.

피즈 변호사, 그렇게 안 봤는데 정말 실망입니다. 지금 피즈 변호사까지 남의 탓을 하려 든단 말이오?

아닙니다. 왜 독특해 씨의 건물이 진나무 씨의 목재가 불에 타는 것과 연관이 있는지 설명해 드리도록 하겠습니다. 일단, 미러 파크 연구소 소장님이신 진지해 씨를 증인으로 요청합니다.

굳어진 표정으로 뚜벅뚜벅 걸어 나온 진지해 씨가 증인석 에 앉았다.

진지해 씨, 미러 파크 연구소는 무엇을 하는 곳인가요?

미러 파크 연구소는 거울에 대한 전반적인 연구를 하는 곳입 니다. 새로운 거울이 발명되면 그 거울에 대해 인증을 하는 곳이기도 하고요.

그럼 다양한 거울을 접해 보셨겠네요?

그렇습니다. 우리가 흔히 사용하는 평면거울에서부터, 오목 거울, 볼록거울까지 모두 제 손을 거쳐 만들어진 것입니다. 그래서 연구소가 중요하다고 하는 것이지요. 그런데 요즘 들 어 자꾸만 정부에서 우리 미러 연구소에 대한 업적을 무시한 채 예산을 줄이려고 해서 투쟁 중입니다. 그런 사정에 대해 좀 더 말씀드린다면…….

아, 진지해 소장님, 그 얘기는 제가 따로 듣도록 하지요.

이런 자리에서 얘기를 해야 그 심각성을 알 것 같아서요. 그 세세한 사정을 말입니다.

네, 제가 질문을 하나 하도록 하죠. 이번 사건에서 주목해야 할 점은 독특해 씨의 건물이 세워지고 나서 진나무 씨의 목재 가 불에 타는 일이 많아졌는데, 그게 과연 연관성이 있는가 하는 것입니다.

🧑 혹시 독특해 씨의 건물이 특이하게 유리창을 오목거울로 만들었다고 해서 신문 1면에 다뤄졌던 그 회사인가요?

🧑 암암, 그럼요. 그게 바로 제가 변호하고 있는 회사입니다.

🧑 음, 그렇다면 크게 연관성이 있군요.

🧑 엥?

🧑 무슨 말인지 좀 자세히 설명해 주시겠어요?

🧑 오목거울의 특징을 알면 간단하지요. 오목거울은 빛을 모으는 성질이 있답니다. 그 모아진 빛의 초점에 혹시 목재가 있다면 강한 빛 때문에 목재가 불에 탈 수밖에 없지요.

🧑 이야! 그런 이치가 있었군요.

🧑 우리가 어릴 때 많이 해 보던 장난을 떠올려 보면 알 수 있지요. 돋보기로 빛을 모아서 종이에 구멍을 내 본 경험은 다들 한 번씩 있으시겠죠?

🧑 아, 저도 그런 적이 있어요. 태양이 쨍쨍 내리쬘 때 운동장에 쭈그리고 앉아 돋보기로 빛을 모으면 그 밑에 있던 종이가 연기를 내며 구멍이 생기곤 했지요. 그게 같은 이치군요. 그렇다면 돋보기 역시 오목거울이기 때문에 그런 일이 일어난 것입니까?

🧑 그럼요. 역시 이해가 빠르시군요.

🧑 그럼 만약 독특해 씨가 유리창을 볼록거울로 했다면 그런 일이 발생할 일은 없겠네요?

그렇지요. 볼록거울은 오목거울과 반대로 빛을 분산시키는 성질을 가지고 있으니까요.

그러니까 진나무 씨의 목재소에서 자꾸 목재가 타는 것은 오목거울이 빛을 모으기 때문이었군요. 이상입니다.

판결하겠습니다. 독특해 씨는 원래 있던 진나무 씨의 목재소에 더 이상 피해를 주지 않기 위해, 다른 곳으로 회사를 이전하거나 회사 유리창을 모두 볼록거울로 바꿀 것을 명령합니다.

과학성적 끌어올리기

빛의 반사의 법칙

거울에 비춘 모습을 상이라고 하죠. 거울에 비추어진 상은 왼쪽과 오른쪽이 바뀐 모습이에요. 이것은 빛의 반사 법칙 때문이죠. 빛이 거울 면에서 반사될 때 빛이 거울로 들어오는 입사각과 거울에서 반사되는 반사각이 같지요.

거울은 유리로 만드는데 왜 투명하지 않을까요? 그것은 유리 면의 한쪽에 알루미늄을 붙였기 때문이에요. 알루미늄은 빛을 잘 반사시키는 성질이 있거든요.

여러 가지 거울

면이 평평한 거울을 평면거울이라고 합니다. 평면거울에 비추어진 상의 크기는 물체의 크기와 같죠. 하지만 상이 더 크거나 작은 거울도 있어요. 볼록거울에 비춰진 상은 실제 크기보다 작아요. 또 반대로 오목거울에 비춰진 상은 실제 크기보다 크지요. 숟가락의 안쪽은 오목거울, 바깥쪽은 볼록거울과 같은 역할을 합니다.

평면거울, 볼록거울, 오목거울은 각각 어디에 사용되나요?

• **평면거울**: 거울 중에서 가장 흔한 거울이죠. 아마 집 안에 있는

거울은 유리면의 한쪽에 알루미늄을 붙여 만들기 때문에 유리에 들어온 빛이 반사됩니다. 그래서 우리가 거울로 자신의 얼굴을 볼 수 있게 된답니다.

대부분의 거울은 평면거울일 거예요.

- **볼록거울**: 자동차의 백미러나 굽은 길에서 다른 방향에서 차가 오는지를 확인할 때 사용하죠.
- **오목거울**: 오목거울은 빛을 모으는 성질이 있어요. 그래서 현미경이나 손전등의 반사경으로 쓰이죠.

빛의 굴절

빛이 공기 중에서 물속으로 들어갈 때 수면에서 빛의 진행 방향이 꺾이게 됩니다. 이와 같은 현상을 빛의 굴절이라고 해요.

물이 채워져 있는 컵에 젓가락을 꽂아 두면 어떤 모습으로 보이나요? 젓가락이 꺾여 보이지요? 이것은 빛이 물속으로 들어갈 때 굴절되었기 때문입니다. 물속에서 사람의 다리가 짧아 보이는 것도 빛의 굴절 때문이지요.

물속에서는 빛의 굴절 현상으로 인해 물고기가 실제보다
좀 더 높은 위치에 있는 것처럼 보입니다.

물고기 잡기

강물 속에 물고기가 있어요. 이 물고기를 작살로 잡을 때는 물고기가 보이는 방향보다 아래쪽을 겨냥해야 해요. 여러분의 눈에 보이는 물고기는 허상이고 그 아래에 실제 물고기가 있기 때문이죠. 하지만 레이저 총에서 나가는 레이저는 빛이기 때문에 물속으로 들어갈 때 굴절을 일으킵니다. 그러므로 허상을 향해 레이저 총을 쏘면 레이저가 수면에서 굴절되기 때문에 물고기를 맞추게 될 거예요.

렌즈

빛의 굴절을 이용하여 생활에 편리하게 사용되는 것이 바로 렌즈죠. 렌즈에는 볼록렌즈와 오목렌즈가 있는데 그 성질이 각각 달라요.

볼록렌즈는 빛을 한 점으로 모으는 성질이 있죠. 반대로 오목렌즈는 빛을 퍼지게 해요.

볼록렌즈를 통해 물체를 보면 물체가 더 크게 보이기 때문에 볼록렌즈는 돋보기나 할아버지 안경에 쓰이죠. 반대로 오목렌즈를 통해 물체를 보면 물체가 더 작아 보이기 때문에 어린이의 안경에 사용된답니다.

정전기에 관한 사건

소금과 후춧가루 고르기

섞여 있는 소금과 후춧가루를 분리할 수 있을까요?

과학공화국의 10대들 사이에서는 요즘 새로운 열
풍이 불고 있다. 그것은 원푸드 열풍인데, 자신이
좋아하기로 한번 마음먹은 음식을 끝까지 고집하
는 풍조였다.

16세의 설렁장 군도 원푸드 열풍에 뛰어들고 싶었다. 하지만 워
낙 여러 가지 음식을 좋아하는 대식가라, 한 가지 음식을 정하기란
쉽지 않았다. 그러던 중 아빠와 함께 설렁탕집에 가게 되었다.

"세상에 이렇게 맛있는 음식이 있었구나. 좋아. 원푸드 열풍에
뛰어들 음식을 결정했어. 그래, 난 이제부터 늘 설렁탕만 먹을래."

설렁장 군은 설렁탕의 매력에 흠뻑 빠진 후 어딜 가나 설렁탕만 찾는 진정한 설렁탕 마니아가 되어 가고 있었다. 그는 새로운 설렁탕집이 개업한다는 소식만 들어도 당장 그 집을 찾아가곤 했다.

그러던 어느 날, 설렁장 군은 학교를 마치고 돌아오는 길에 전봇대에 붙은 큰 플래카드를 보게 되었다.

'맛나 설렁탕집 개업. 진정한 설렁탕의 진수를 보여 드립니다.'

그는 솔깃했다. 그리고는 그날 저녁 바로 맛나 설렁탕집을 찾아갔다. 개업일이라 그런지 많은 사람들이 북적대고 있었다.

설렁장 군은 설렁탕을 주문한 뒤 자리에 앉아서 음식이 나오기를 기다리고 있었다. 맛있는 설렁탕을 기대하면서. 설렁장 군도 설렁탕을 먹는 데 나름대로의 철칙이 있었다. 그건 설렁탕의 수육은 늘 후춧가루에만 찍어 먹는다는 것이었다. 드디어 기다리고 기다리던 설렁탕이 나왔다. 그런데 접시에 담긴 소금에는 후춧가루가 잔뜩 섞여 있었다.

"저기 아저씨, 이렇게 소금과 후춧가루를 섞어 놓은 건 수육들에 대한 예의가 아니죠."

"쪼그만 꼬맹이야. 그냥 먹으렴."

"저 열여섯 살이나 됐거든요. 그리고 전 소금과 후춧가루가 섞여 있으면 먹을 수가 없어요. 저도 철칙이 있다고요."

"뭐라고? 아이고, 요즘 어린 것들은 어른들한테 버럭버럭 잘도 대드는구나."

"저도 엄연한 손님이라고요. 그러니까 소금이랑 후춧가루를 분리해서 다시 주세요."

"말이 되는 소리를 해야지. 나 원 참, 안 그래도 바빠 죽겠는데. 어떻게 소금이랑 후춧가루를 분리하니. 벌써 섞여 버린 것을."

"그게 왜 안 돼요? 지금 어린아이라고 무시하시는 거죠? 저도 가만있지 않겠어요."

화가 난 설렁장 군은 자신의 권리를 찾고자 물리법정에 맞나 설렁탕집을 고소하였다.

서로 다른 물체를 문지르면 하나는 (+)전기를 띠고
다른 하나는 (−)전기를 띱니다. 전기를 띤 물체를 다른 물체 근처에
가져다 대면 그 물체도 반대 부호의 전기를 띠게 되어
서로 당기는 힘이 작용하게 됩니다.

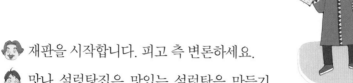

 정전기를 이용하여 섞여 있는 소금과
후춧가루를 분리할 수 있을까요?
물리법정에서 알아봅시다.

재판을 시작합니다. 피고 측 변론하세요.

맛나 설렁탕집은 맛있는 설렁탕을 만들기
위해 늘 최선을 다해 왔습니다. 설렁탕의
생명은 무엇입니까? 뭐니 뭐니 해도 국물입니다. 진한 국물과
수육의 환상적인 조화! 꿀꺽, 침이 절로 넘어갈 판입니다. 그
런데 이런 사소한 사건으로 여기까지 오다니요. 이렇게 하루
영업을 쉬게 되면 맛나 설렁탕집의 피해가 얼마나 큰지 아십
니까? 고놈의 꼬맹이를 반드시 혼내 줄 겁니다.

꼬맹이라니요. 엄연한 열여섯 살 청소년입니다. 함부로 말하
는 걸 삼가 주시기 바랍니다.

동의하오. 원고에 대한 비난은 적절치 못하오. 물치 변호사,
그럼 변론은 끝난 것이오?

아, 아닙니다. 제가 하고 싶은 말은 아직 못했습니다. 그러니
까 제 말은, 바빠 죽겠는데 자신이 수육에 후춧가루만 뿌려
먹는다는 이유로 주인을 불러 세워 영업에 방해를 한 것은 되
레 열여섯 살 꼬맹이, 아니 설렁장 군의 잘못이라고 생각합니
다. 그 바쁜 와중에 그럼 소금과 후춧가루를 일일이 분리해

주란 말입니까?

음, 그렇군요. 좋습니다. 피즈 변호사 변론하세요.

누구나 음식점에 가면 자신이 주문한 음식에 대해 요구할 수 있는 권리가 있습니다. 떡볶이를 주문할 때, '맵게 해 주세요' 라고 요구하는 것이 잘못입니까? 오히려 당연한 것이지요. 그런데 지금 맛나 설렁탕집에서는 어떻게 했습니까?

바쁘니까 그렇지요.

아무리 바빠도 손님에 대한 예의가 아니지요. 장사의 기본은 바로 친절입니다. 가장 기본적인 것조차 갖추어져 있지 않은데 어떻게 영업을 한단 말입니까?

하지만 손님이 무리한 요구를 할 경우, 주인 역시 거절할 수 있는 권리를 가지고 있지요. 한창 바쁜데 소금과 후춧가루를 분리해 달라니요. 당연히 거절할 수밖에 없는 요구지요.

제가 그것에 관해 한 분의 도움을 받아야겠군요. 궁중 음식 담당 대장금 여사를 증인으로 요청합니다.

정갈한 머리에 한복을 곱게 차려 입은 40대의 대장금 여사가 증인석에 앉았다.

증인은 궁중 요리를 연구하고 계시지요?

네, 그렇습니다. 다양한 조미료에서부터 작품에 가까운 요리까지 선보이고 있지요.

그럼 언제 한번 식사 초대라도?

네, 그러도록 하지요.

하하, 감사합니다. 참, 궁금한 것이 하나 있는데, 요리 준비 과정에서 혹시 조미료들이 섞인 적도 있나요?

그럼요, 다반사지요. 그런 것들은 특별한 일도 아니에요.

그럼 만약에 소금과 후춧가루가 섞인다면, 그걸 분리하기 위해서 오랜 시간이 걸리겠군요?

소금과 후춧가루라고요? 호호, 그런 건 제게 문제도 되지 않는답니다.

어떻게 그게 가능하죠?

정전기를 이용하면 됩니다.

정전기가 누구죠?

정말 무식하군요. 전기에는 (+)전기와 (-)전기의 두 종류가 있어요. 그런데 서로 다른 두 물체를 문지르면 하나는 (+)전기를 띠고 다른 하나는 (-)전기를 띠지요.

그런데요?

플라스틱 숟가락을 털가죽에 마구 문지르세요. 그러면 털가죽은 (+)전기를 띠고 숟가락은 (-)전기를 띠지요. 이렇게 전기를 띤 숟가락을 소금과 후춧가루가 섞여 있는 접시에 가져다 대면 후춧가루가 숟가락에 달라붙습니다.

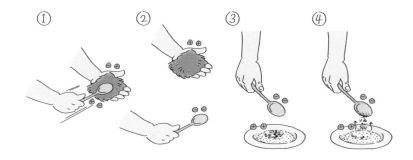

① 플라스틱 숟가락을 털가죽에 마구 문지르세요.

② 털가죽은 (+)전기를 띠고 숟가락은 (−)전기를 띠지요.

③ 이렇게 전기를 띤 숟가락을 소금과 후춧가루가 섞여 있는 접시에 가
져다 댑니다.

④ 후춧가루가 숟가락에 달라붙습니다.

왜 그런 현상이 생기는 거죠?

전기를 띤 물체를 다른 물체 근처에 가져다 대면 그 물체도
반대 부호의 전기를 띠게 됩니다. 그리고 서로 반대 부호의
전기를 띤 물체 사이에는 서로를 잡아당기는 힘이 작용하니
까 달라붙는 거죠.

그럼 왜 소금은 안 달라붙죠?

후춧가루는 가볍고 소금은 무거워서 그렇습니다. 전기로 잡
아당기는 힘이 무거운 소금을 들어올릴 만큼 큰 힘은 못 되기
때문이지요.

아, 그렇군요. 그렇다면 이 증언은 지금 맛나 설렁탕집에서 주장하고 있는 소금과 후춧가루를 분리하는 데 시간이 너무 오래 걸린다는 말에 충분히 반박할 수 있다는 것이 본 변호사의 생각입니다.

허허! 정말 좋은 방법이 있었군요. 그래서 사람은 배워야 한다니까. 이번 사건을 통해 모두 정전기의 소중함을 배운 것으로 하고, 한 번 웃고 기분 좋게 끝내도록 합시다.

재판 후 맛나 설렁탕집에는 늘 탁자 한구석에 쇠 수저 한 벌과 플라스틱 수저 하나가 가지런히 놓여 있었다. 워낙 장사가 잘되고 바빠서 일일이 섞어 놓은 소금과 후춧가루를 분리해서 내놓을 시간이 없었기 때문에 손님들에게 맡긴 것이다. 하지만 의외로 손님들은 설렁탕을 먹는 것보다, 스스로 소금과 후춧가루를 분리하는 것에 더욱 재미를 느끼게 되었다. 그래서 맛나 설렁탕집은 맛 이외에도 플라스틱 숟가락을 이용한 다른 재미로 더 많은 인기를 얻게 되었다.

왜 치마에 클립을 꽂는 거야?

클립 하나로 스타킹 정전기를 말끔히 처리할 수 있을까요?

과학공화국에도 겨울이 성큼 다가왔다. 그러나 멋
쟁이 아가씨들에게 추위 따위는 아무것도 아니었
다. 여전히 거리에는 하이힐과 짧은 치마들이 넘쳐
나고 있었다.

스물네 살의 스위티 양 역시 이런 아가씨들의 치마 행렬에 빠지
지 않고 있었다. 스위티 양은 센트럴시의 패션 잡지 기자였다. 그
렇다 보니 옷차림에 여간 신경 쓰는 게 아니었다. 예쁘장한 얼굴과
도도한 걸음걸이의 그녀는 기자임에도 불구하고, 많은 남성 팬을
확보하고 있었던 것이다.

스위티 양은 오늘도 어김없이 무엇을 입을까 고민하고 있었다. 한참 동안 옷장을 뒤적이던 스위티 양은 작년에 사놓고 입지 못했던 분홍 모직 치마가 생각났다.

'맞아, 분홍 모직 치마가 있었지. 작년에 겨울이 다 끝날 무렵에 사서 한 번도 입어 보지 못했는데, 오늘 입어야겠다.'

추운 날씨라 차마 맨다리로는 나갈 수 없어 스타킹을 신고 분홍 모직 치마를 입었다. 제법 귀여운 모양새가 나와 전체적인 코디가 마음에 들었다.

옷을 차려입은 그녀는 잡지사에 가기 위해 길을 나섰다. 그런데 자꾸 뒤에서 남자들의 수군대는 소리가 들렸다.

'요즘 들어 팬이 자꾸 늘어난단 말이야. 다들 어찌나 나만 보면 이렇게 좋아하는지.'

그러나 스위티 양은 남자들이 수군거리는 진짜 이유를 모르고 있었다. 실은 정전기 때문에 분홍색 치마가 자꾸 스타킹에 달라붙는 바람에 사람들이 수군댔던 것이다. 그러다가 그 광경을 스위티 양을 좋아해 왔던 옆집 총각 수수해 씨가 보게 되었다. 어떻게든 스위티 양을 위기에서 구해야 했다. 한참을 고민하던 수수해 총각은 커다란 클립을 그녀의 치마에 끼우기로 했다.

'말 한마디 안 해 본 사이인데, 그래도 괜찮을까? 아냐, 내 사랑스런 그녀가 지금 사람들의 놀림거리가 될 위기에 처했는데. 암, 돌격이다.'

수수해 총각은 살며시 다가가서 그녀의 치마에 클립을 끼웠다.
그 순간 스위티 양의 과감한 발길질이 날아왔다.

"지금 뭐하는 짓이에요. 까악!"

"아니…… 전…… 도와드리려고. 치마가 자꾸 스타킹에 붙어서
말려 올라가기에."

"뭐라고요? 이거 성추행이에요. 알아요? 당장 고소하겠어요."

"아니, 저……."

스위티 양은 뒤도 돌아보지 않고 매몰차게 가더니, 결국 수수해
총각의 얘기는 듣지도 않고 그를 고소해 버렸다.

물체들 사이에 생긴 정전기는 도체를 이용하여
공기 중으로 방전시킬 수 있습니다.

여기는 **물리법정**

정전기는 어떻게 방전될까요?
물리법정에서 알아봅시다.

원고 측 변론하세요.

요즘은 여성 상위 시대입니다. 특히 과학공
화국에서는 성추행과 성폭력으로부터 모든
여성을 보호하기 위해 정말 최선을 다하고 있습니다. 그런데
우리나라에서 아직도 이러한 성추행 사건이 일어나다니 부끄
럽기 짝이 없습니다. 이 나라가 어찌 되려고 이러는 건지. 성
추행은 이 나라에서 없어져야 할 것입니다. 남자가 힘이 조금
세다고 해서 연약한 여성을 성적으로 희롱하는 행위는 있어
서는 안 되겠지요.

하지만 그건 성추행을 하려고 했던 것이 아니라……

늘 핑계는 좋습니다. 도와주려고 그랬다. 그럼 대체 뭘 도와
준단 말입니까? 이번 성추행 사건과 관련하여 수수해 씨는 엄
중한 처벌을 받아야 할 것입니다.

성추행은 없어져야 할 일이지요. 그럼, 피고 측 변론하세요.

성추행을 한 사람이 무슨 할 말이 있겠습니까?

물치 변호사! 말조심 하십시오! 물론, 저도 성추행은 우리나
라에서 없어져야 할 일이라고 생각합니다. 그러나 이번 수수

해 씨의 행동이 과연 성추행이었는가를 따져 보아야 할 것이라고 생각하는 바입니다.

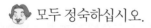 으흠, 그럼 성추행이 아니었다?

네, 그렇습니다. 정말로 수수해 씨는 스위티 양을 돕고 싶은 마음에 그랬던 것입니다. 그걸 증명하기 위해, 여기 클립을 들고 나왔습니다. 이건 스위티 양의 치마에 꽂혀 있던 클립입니다. 정말 수수해 군은 스위티 양을 돕고 싶었던 겁니다. 사람들에게 놀림거리가 되기 전에.

그러니까 클립을 끼우는 척하면서 치마 속을 본 거겠지요. 대체 그까짓 클립 하나가 무슨 의미가 있습니까?

좋은 지적입니다. 그래서 저는 전기 관련 연구소의 일렉트릭 연구원인 이감전 씨를 증인으로 요청합니다.

삐쭉삐쭉 솟은 머리를 보고 모두 웃음을 터트렸다. 마치 전기에 감전된 듯한 머리와 얼떨떨한 눈이 순간 법정을 웃음바다로 만들었다.

모두 정숙하십시오.

네, 이감전 씨. 머리 모양이 꽤나 인상적이시군요.

이건 비밀인데, 실은 어제 저녁에 머리를 감고 손을 안 닦은

채 헤어드라이어 코드를 꽂았더니 온몸이 찌릿찌릿한 게 아니겠어요. 이런 말도 안 되는 실수가 알려지면 연구소에서 잘릴지도 모르거든요.

하하, 그러시군요. 조심 좀 하시지.

그러게요. 이론상으로는 젖은 손으로 전기 코드를 만지면 감전된다는 걸 알고 있었지만, 설마 했지요. 근데 머리까지 이렇게 될 줄이야. 차라리 이렇게 법정 증인이 되어 회사를 하루 쉬는 게 다행입니다. 아, 내일 머리에 대해 어떻게 설명할까 생각하면 정말 머리가 어찔하네요.

머리 모양을 처음 봤을 때는 웃음이 났지만, 자꾸 보니 파마한 것처럼 자연스러운 게 좋은데요.

변호사님, 정말이세요? 우우, 그럼 내일 일부러 파마를 이렇게 했다면 믿을까요?

그건 좀…… 안 믿을 것 같긴 한데, 하하.

지금 저 가지고 장난치시는 거예요?

증인! 증인! 진정하시고, 변호사가 묻는 말에 이제 대답해 주시기 바랍니다.

아, 네. 하지만 판사님, 방금 제가 말씀드린 건 꼭 비밀로 해 주셔야 합니다.

 정전기

정전기란 마찰한 물체가 띠는 정지하고 있는 전기를 말하며, 사람의 몸속에 있던 정전기가 다른 물체로 빠져나가면서 사람들이 정전기를 느끼게 된다. 습도가 낮을 때 주로 발생한다. 습도가 높으면 몸속의 정전기가 공기 중으로 쉽게 빠져나가지만, 습도가 낮으면 정전기가 공기 중에 흡수되지 못하고 모여 있기 때문에 한꺼번에 방전되면서 정전기가 일어난다.

그럼, 한 가지 물어보도록 하겠습니다. 겨울에 모직 치마와 스타킹은 어떻습니까?

지금 저보고 그렇게 입어 보란 말씀인가요? 맙소사! 전 남자라고요, 남자. 비록 머리가 파마 머리처럼 삐쭉삐쭉 서긴 했지만.

제 말은 그게 아니라, 겨울에 모직 치마와 스타킹 사이에 정전기가 일어날 가능성이 있냐고 묻는 겁니다.

아, 그럼 미리 그렇게 물어보셨어야지요. 당연합니다. 스타킹을 신고 모직 치마를 입었을 때 치마가 자꾸 스타킹에 붙는 걸 누구나 경험해 봤을 텐데요. 물론 저 말고 여자 분들 말입니다. 정전기 때문에 당연히 일어날 수 있는 일이지요.

그럼 정전기에 의해 스타킹에 달라붙은 치마를 떼어 놓을 수 있는 방법은 없나요?

당연히 있습니다. 간단한 방법이 있지요.

어떤 방법인가요?

정전기에 의해 달라붙은 치마에 클립을 끼우면 됩니다.

클립을요?

네, 클립은 도체입니다. 전류가 흐를 수 있는 물질이지요. 그렇기 때문에 치마와 스타킹 사이에 생긴 정전기가 도체인 클립에 의해 공기 중으로 방전되어 빠져나가게 되는 것입니다. 그럼 스타킹에 붙었던 치마가 쉽게 떨어지지요.

그렇군요. 친애하는 판사님, 들으셨습니까? 수수해 군은 스위티 양을 위해 자신의 과학적 지식을 이용하여, 스타킹에 모직 치마가 붙는 것을 막아 주었습니다. 그런 그에게 성추행범이라니요. 오히려 수수해 군이 스위티 양에게는 은인인 셈이지요. 계속 그런 차림으로 길을 갔더라면, 정말 성추행범을 만나게 됐을지도 모르니까요.

그래요, 정전기 때문에 점점 더 치마가 위로 올라가면 끔찍하겠지요? 스위티 양은 수수해 군의 과학적 재능과 용기에 오히려 감사해야 할 것으로 판사는 생각하는 바입니다.

재판 후, 스위티 양은 진심으로 수수해 군에게 고개 숙여 사과했다. 그리고 미안한 마음에 자신이 점심을 사겠다고 했다. 수수해 군은 뛰는 마음을 진정시킬 수가 없었다. 정말 꿈에 그리던 그녀와의 데이트였던 것이다. 비록 스위티 양에게는 그저 점심을 함께 먹는 일에 불과하지만, 그에게는 정말 꿈만 같은 일이었다. 그러나 스위티 양 역시 새로운 감정이 솟아올랐다. 점심을 함께 먹으면서 자신의 얘기에 귀 기울여 주고, 자신을 이해하는 수수해 군의 매력에 자기도 모르게 마음이 끌렸던 것이다. 결국 수수해 군과 스위티 양은 서로에게 호감을 느끼게 되었다. 그리고 법정에서의 만남이 결혼으로까지 이어지게 되었다.

스테인리스 호텔

금속으로만 이루어진 공간에서 휴대전화 수신이 가능할까요?

과학공화국 서부에는 큰 공항이 있다. 그 공항을 중심으로 많은 사람들이 왔다 갔다 하기 때문에 그 근처 일대에는 호텔과 음식점이 유난히 많았다. 그 중에서도 호텔 사이의 경쟁이 치열했는데, 호텔 경쟁에서 살아남기 위해 늘 무언가 특성화를 시켜야 했다.

핸섬 호텔은 이제껏 호텔 안내원이 여자라는 고정관념을 깨고, 전 직원을 남성으로 채용하여 여자 손님들에게 사랑을 받고 있다. 또한 바다 호텔은 모든 방에 물침대와 수족관을 구비하고, 벽지를 푸른색으로 함으로써 방에서도 바다를 한껏 느낄 수 있도록 하였다. 이에 지지 않기 위해 많은 호텔들이 특성화를 주장하고 나섰는데, 그중 하나가 바로 스테인리스 호텔이었다.

스테인리스 호텔은 이제껏 콘크리트 벽을 탈피하여 새로운 느낌으로 고객들에게 다가가고자 했다. 그래서 스테인리스 호텔의 모든 벽은 금속으로 처리하였고, 그 느낌을 살려서 안에 있는 모든 조각물들도 금속으로만 만들었다. 금속의 매끄러움과 21세기 우주 도시에 온 듯한 느낌 때문에 비즈니스를 하는 많은 사람들이 호텔을 찾았다.

그런데 이 호텔에 정지영 사장이 투숙하게 되었다. 정지영 사장은 삼손 계열 사업을 모두 관장하고 있을 만큼 큰 사업가였다. 그를 모시게 된 스테인리스 호텔은 완벽한 서비스를 할 것을 장담하며 그에게 정성을 다했다.

정지영 사장은 새로운 계약이 끊임없이 있었다. 그래서 그는 하나의 휴대전화로도 부족하여 늘 세 개, 네 개씩 들고 다녔다. 그런데 스테인리스 호텔에 들어온 후 이상한 일이 생겼다. 계속해서 울리는 전화벨 소리 때문에 잠조차 잘 수 없었던 그였는데, 전화가 한 통도 오지 않는 것이다.

'이상하네. 이렇게 전화가 안 올 리 없는데. 오늘 계약 건만 해도 여섯 개나 있는데. 이상한 일이야.'

그렇게 어떤 연락도 받지 않은 채, 스테인리스 호텔에서 하룻밤을 묵고 다시 회사로 돌아가기 위해 호텔을 나섰다. 그런데 이게 웬일인가. 호텔에서 나오자마자 계속해서 전화벨이 울리는 것이었다.

"사장님, 대체 어떻게 되신 겁니까? 도무지 연락도 안 되시고."

"지금 우리랑 계약하자는 거요, 뭐요. 정지영 사장 그렇게 안 봤는데 실망입니다."

"일부러 지금 연락을 끊고 계신 겁니까? 계약하기 싫으면 싫다고 말씀하세요. 그쪽에서 계약을 파기했으니, 그쪽이 보상하세요."

정신없이 전화를 받으며 죄송하다는 말을 연신 하고 나서야 한숨을 돌릴 수 있었다. 그런데 하나같이 정지영 사장에게 하는 말이 왜 연락이 되지 않느냐는 것이었다. 정지영 사장은 화가 났다. 이건 분명 스테인리스 호텔에서 삼손 기업의 이미지를 망가뜨리려는 음모를 꾸민 거라는 생각이 들었다. 그래서 그는 당장 스테인리스 호텔을 물리법정에 고소했다.

금속으로만 이루어진 공간에서는 전자기파를 수신하는 것이
불가능하므로 휴대전화 사용이 어렵다.

금속에 전파가 수신되지 않는 이유는
무엇일까요?
물리법정에서 알아봅시다.

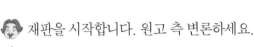

재판을 시작합니다. 원고 측 변론하세요.

이번 사건은 한 기업의 손실이 있었던 심각
한 문제가 아닐 수 없습니다. 삼손 기업이
라 하면 우리나라의 경제를 좌지우지할 만큼 큰 기업입니다.
그런데 지금 스테인리스 호텔 측에서는 삼손 기업의 해외 계
약 건 및 국내 계약 건 모두를 파기하도록 만들었습니다. 계
약에 있어서 가장 중요한 것은 신뢰이고, 그 신뢰의 바탕이
되는 것이 바로 약속입니다. 그에게 분명 그런 중요한 계약들
이 있음에도 불구하고, 스테인리스 호텔은 정지영 사장에게
연락이 닿지 않도록 음모를 취했습니다. 따라서 저는 스테인
리스 호텔 측의 이런 말도 안 되는 행각 때문에 생긴 계약 파
기 보상금을 모두 호텔 측에서 지불해야 할 뿐만 아니라 삼손
기업의 이미지를 손상시키는 큰 잘못을 저질렀으므로 삼손
기업에도 충분한 배상을 해야 한다고 생각하는 바입니다.

피고 측 변론하세요.

저도 그 일에 대해서는 잘 알았습니다. 그러나 그것은 스테인
리스 호텔 측의 음모가 아닙니다. 그저 과학적 사실을 몰랐기

때문입니다.

지금 휴대전화의 기능을 모두 정지시켰던 것이 과학적 사실이란 말입니까? 말이 되는 소리를 하세요.

그게 아닙니다. 실은 저도 이 증인을 만나기 전에는 이러한 사실을 몰랐습니다. 호텔 측에서도 이 사실을 알았더라면 아마 그런 실수는 저지르지 않았을 겁니다.

그게 무슨 말이오?

그럼 일단 휴대전화 똥값 판매사이신 박웅가 씨를 증인으로 요청합니다.

30대 후반으로 보이는 정장 차림의 박웅가 씨가 증인석에 앉았다.

박웅가 씨?

웬만하면 본명 부르는 건 조금 삼가 주셨으면 좋겠네요.

아, 죄송합니다. 그럼 뭐라고 불러 드릴까요?

뭐, 사업가 선생님 정도가 괜찮겠네요.

네, 사업가 선생님. 휴대전화를 판매하는 걸로 들었는데요.

그렇습니다. 제 휴대전화 판매 실력은 벌써 정평이 나 있기 때문에, 새삼 설명을 드리지 않아도 될 것 같네요.

그럼 혹시 이번 사건에 대해서 아시는 대로 설명해 주시겠습니까? 스테인리스 호텔에 묵는 동안 삼손 기업 정지영 사장님의 휴대전화로 아무 연락도 오지 않았는데, 혹시 이 호텔과 무슨 관련성이 있습니까?

네, 있고말고요.

봐봐, 내가 음모라 그랬지. 암, 그렇고말고.

어떤 관련이 있다고 보십니까?

스테인리스 호텔은 아마도 그러한 사실을 모르고 설계했을 것입니다. 금속으로 된 벽 안에서는 전자기파가 없다는 사실을 말입니다.

전자기파가 없다는 말은?

네, 휴대전화는 전자기파를 수신해야만 서로 연락이 가능합니다. 그러나 금속으로만 이루어진 공간에서는 휴대전화로 전자기파를 수신하는 게 불가능하지요.

좀 더 쉽게 설명해 주실 수 있나요?

그럼 실험을 하나 해서 보여 드리죠. 지금 제가 준비한 것은 금속 냄비입니다. 이 속에 제 휴대전화를 넣고 뚜껑

전자기파

연못에서 긴 막대기로 수면의 한 곳을 주기적으로 반복해 때리면 그 점을 중심으로 물결이 발생하여 주변으로 퍼져 나가는 것을 볼 수 있다. 이와 같이 주기적으로 진동하는 전하는 시간에 따라 변화하는 전기장의 파동을 만든다. 이렇게 주기적으로 세기가 변화하는 전기장과 자기장의 한 쌍이 공간 속으로 전파되는 현상을 전자기파라고 한다.

닳아 보도록 하죠. 변호사님, 저에게 전화를 한번 걸어 보시
겠습니까?

네, 그러도록 하죠.

(아무리 전화를 해도, 전화벨 소리가 들리지 않는다)

이렇게 금속으로만 이루어진 공간에서는 전화가 걸리지 않지
요. 휴대전화가 전자기파를 수신할 수 없기 때문입니다.

그렇군요. 그럼, 스테인리스 호텔의 음모라기보다는 건물의 구
조가 금속으로 되어 있기 때문에 연락이 닿지 않은 거로군요.

인테리어란 겉모습만을 꾸미는 것이 아니라, 사람들이 편리
하게 지낼 수 있는 점을 우선 생각해야 합니다. 그런 면에서
스테인리스 호텔은 무리한 아이디어를 냈다는 생각이 듭니
다. 따라서 이번 사건의 책임은 전적으로 스테인리스 호텔에
있다는 것이 본 판사의 생각입니다.

　　재판 후 스테인리스 호텔의 인기는 시들해졌다. 모든 사람들이 휴대전화를 가지고 다니는 요즘, 휴대전화가 터지지 않는 공간은 더 이상 사람들에게 휴식의 공간이 아니라 불안의 공간이 되어 버린 것이다. 스테인리스 호텔은 재판에서는 무죄로 인정받았지만, 결국 손님들이 찾지 않는 바람에 경제 사정은 더욱 힘들어졌다. 어느 날 소리 소문 없이 과학공화국을 아예 훌쩍 떠나 버렸다는 소문이 돌 정도였다. 사실인지 여부는 판결 후 그 누구도 가 보지 않아 모르겠다.

뾰족한 쇠꼬챙이

어떻게 쇠꼬챙이가 번개로부터 건물을 보호할 수 있을까요?

과학공화국 동부의 시티펄 무기 공장은 위험한 무기들로 가득 차 있다. 그래서 늘 보안과 안전에 신경을 쓰지만, 그래도 가끔씩 사고가 나곤 했다. 최근에 비가 많이 오면서, 비와 함께 동반한 번개 때문에 시티펄 무기 공장은 골치를 앓게 되었다. 유독 화학 물질이 많다는 무기 공장의 특징 때문에 번개로 인해 불난 적이 많았던 것이다.

시티펄 무기 공장 사장인 정아미 씨는 자주 일어나는 화재 때문에 고민이 많았다. 그래서 그녀는 번개를 막는 방법을 찾아야겠다고 결심하고, 개인 번개 연구소에 부탁을 하기로 했다. 어떻게 하면 번개를 막을 수 있을지에 대한 연구를 부탁한 것이다. 그러나 개인 번개 연구소는 물리학자가 없는 사이비 연구소였다. 하지만 정보가 어두운 그녀가 그걸 알 리 없었다.

개인 번개 연구소는 물리학자를 통해 검증된 연구를 말하지 않고, 여기저기에서 소문으로만 들은 얘기를 마치 자신들의 연구인 양 말하곤 했다.

시티펄 무기 공장의 번개를 피할 수 있는 방법에 대해 뭐라고 얘기할지 고민하던 개인 번개 연구소는 불현듯, 지난번 동창회에서 친구가 했던 이야기가 떠올랐다.

"어디서 들었는데, 뾰족한 쇠붙이를 건물 옥상에 꽂아 놓으면 번개를 막을 수 있다고 하던데, 그게 사실이야?"

그때도 그게 사실인지는 몰랐지만, 나름대로 일리가 있다고 생각했었다. 그래서 개인 번개 연구소 팀은 시티펄 무기 공장 건물 위에다 뾰족한 쇠꼬챙이를 설치하기로 했다. 시티펄 무기 공장의 정아미 사장에게 얘기했더니, 그녀도 흔쾌히 승낙하였다.

정아미 사장은 이제야 좀 마음이 놓였다. 예전에는 번개가 치기만 하면 혹시나 공장에 불이 나는 건 아닐까 불안해했지만 이제는 괜찮겠지 싶었던 것이다.

그런데 비가 억수같이 쏟아지던 어느 날, 어김없이 번개가 쳤다. 그녀는 코웃음을 치며 창밖을 바라보고 있었다.

"그래, 번개들아. 어디 한번 쳐 봐라. 흥, 우리 공장은 이제 안전하다고. 너희 따위에 겁먹을 내가 아니지."

그녀의 말이 끝나기가 무섭게 전화벨이 울려 댔다.

"여보세요."

"헉헉, 사장님. 비상사태입니다. 번개가 치자마자 반짝하더니 공장에 불이⋯⋯."

"뭐라고? 이럴 수가⋯⋯."

"이렇게 빨리 불이 붙은 적은 없었는데. 심하게 불이 나고 있어요. 사장님, 빨리 오셔야 할 것 같아요."

정아미 씨는 화가 났다. 분명 개인 번개 연구소에 맡겼을 때는 이제 안심해도 괜찮을 거라고 했는데 오히려 화재가 더 빨리 난 것이다. 그녀는 화가 나서 개인 번개 연구소에 전화를 걸어 따졌지만, 거기서 해 줄 수 있는 게 없다며 뻔뻔스럽게 전화를 끊었다. 화가 난 정아미 씨는 당장 개인 번개 연구소를 물리법정에 고소했다.

뾰족한 쇠꼬챙이(피뢰침)에 전선을 연결해서
땅속에 묻으면 번개를 땅으로 안전하게 유도할 수 있어
건물 및 인명을 보호할 수 있습니다.

여기는 물리법정

피뢰침은 어떻게 번개로부터 건물을
보호할까요?
물리법정에서 알아봅시다.

🙂 피고 측 변론하세요.

🙂 이번 화재는 늘 있던 시티펄 화재 사건과

다를 바 없습니다. 화재가 일어난 것이 한

두 번도 아닙니다. 그런데 이번 화재가 마치 개인 번개 연구

소의 책임인 것처럼 고소를 하는 것은 말이 안 된다고 생각합

니다. 물론 개인 번개 연구소에서 번개를 막을 수 있는 방법

을 알려드리긴 했습니다. 하지만 예외라는 것이 있는 법이지

요. 이번에는 워낙 강력한 번개이다 보니 화재가 난 것으로

추정됩니다. 약한 번개가 쳤더라면 분명 화재를 피할 수 있었

을 겁니다.

🙂 과연 그럴까요?

🙂 피즈 변호사! 제발 말 좀 합시다. 피즈 변호사가 그렇게 끼어

들면 내 머릿속에 들어 있던 말들이 모두 엉켜 버린단 말입니

다. 제발, 제가 말할 땐 끼어들지 좀 마세요.

🙂 전 끝난 줄 알고.

🙂 끼어들지 좀 마시라니까요! 여하튼 판사님, 제 말은 여기까지

입니다.

하하, 물치 변호사의 머릿속에 들어 있던 말이 늘 엉키기는 하나 봅니다.

판사님!

농담이에요, 농담. 그럼 이제 원고 측 변론하세요.

저는 증인으로 샌프라시트 대학에 재직 중인 엉뚱해 교수님을 요청합니다.

40대의 이제 막 주름이 생기기 시작한 엉뚱해 교수가 증인석에 앉았다. 그런데 신기한 것은 그의 양 어깨에 뾰족한 침이 꽂혀 있다는 것이다.

참, 요즘은 패션이 엉망이구만, 엉망. 저 어깨에 뾰족 튀어나온 건 뭐야. 완전 위협용이잖아. 저건 무기야, 무기.

뭐라고요?

아닙니다. 피즈 변호사, 진행하시죠.

네. 엉뚱해 교수님, 샌프라시트 대학에서 무엇을 가르치고 계시나요?

물론 사람들은 제가 전자 전기를 가르칠 거라고 기대하지만, 저는 인생을 가르치고 있습니다. 어떤 인생이 참된 인생인가를 알려 준답니다.

하하! 물론 인생에도 뭐, 여러 가지가 있지요. 그러니까 무얼

전공하셨죠?

그야 전기지요. 내가 샌프라시트 대학
전기학부에 들어가서 졸업하고, 다시
샌프라시트 대학 교수로 가기까지 얼
마나 힘들었는지를 들으면 아마 깜짝
놀랄 겁니다. 그걸 바탕으로 인생에 대
해 강의할 수 있는 거지만요.

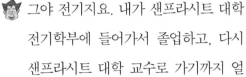

번개

구름의 아랫부분이 (−)전기를 띠고
그것과 마주 보고 있는 땅 표면은 정
전기 유도에 의해 (+)전기를 띠게 된
다. 이로 인해 구름 아랫부분의 (−)전
기가 땅을 향해 무서운 속력으로 내
려오는데 이것을 번개라 한다.

그럼, 혹시 번개에 대해서도 잘 알고 계신가요?

당연하지요. 대체 뭘 묻고 싶은 건데, 이렇게 돌려서 질문하
십니까? 직접 물어보세요!

네, 그러니까 번개를 막기 위해 개인 번개 연구소에서 건물
옥상에 뾰족한 쇠꼬챙이를 꽂았는데, 그게 과연 번개를 막는
데 효과가 있나 해서요.

쇠꼬챙이요? 음, 그거만 그냥 옥상에 달랑 꽂아 놓았다고요?

네.

어허! 그 연구소 큰일 날 연구소네.

그게 무슨 말씀인가요?

원래 뾰족한 곳에 전기가 많이 모이는 것은 사실이지요. 그러
니까 옥상에다 그저 쇠꼬챙이만 꽂아 놓았다 함은 번개들이
모두 이 건물을 향해 내리치라는 의미지요.

맙소사. 그렇군요.

만약 정말 번개를 막고 싶었다면, 뾰족한 쇠꼬챙이에 전선을 연결해서 땅속에 묻었어야지요. 그렇게 하면, 모인 전기가 땅속으로 쉽게 흘러들어 갈 테니까요. 전선을 연결하지 않고 그저 쇠꼬챙이만 꽂아 놓는다는 건 오히려 번개의 전기를 모두 그 건물로 집중시키는 역할을 하지요.

들으셨습니까? 지금 개인 번개 연구소는 번개를 막는 것이 아니라 도리어 번개가 건물을 향해 치도록 유도했습니다. 시티펄 회사에서는 분명 믿고 맡긴 일인데, 이런 식으로 하다니요. 분명 이번 화재에 대한 원인 제공은 개인 번개 연구소 측에 있으므로, 번개로 인한 화재에 대한 전반적인 피해 보상을 요청하는 바입니다.

피즈 변호사가 판결을 내려 주었군요. 전적으로 동감합니다. 다시는 이런 무식한 설계가 이루어지지 않아야 할 것입니다. 피즈 변호사의 말대로 이번 사건의 책임과 피해 보상은 개인 번개 연구소가 하는 걸로 판결합니다.

재판 후 개인 번개 연구소는 소리 소문 없이 사라졌다. 더 이상 영업을 할 수 없을 뿐 아니라, 다른 여러 연구소에서도 연구소에 대한 이미지 손상에 대해 소송을 하려 했기 때문이다. 개인 번개 연구소는 사라졌지만, 연구소 소장은 포기한 것이 아니었다.

'이 사건이 조금만 잠잠해지면 개인 우박 연구소를 다시 만들어

야겠다. 그때까지 조금만 참고 조용히 있어야지.'

혹시 여러분들도 주위에서 과학에 대한 잘못된 정보를 알려주는 사람을 발견하게 된다면, 개인 번개 연구소 소장을 의심해 봐야 합니다. 여러분들 바로 곁에 있는 누군가가 그 사람일지도 모르니까요.

과학성적 끌어올리기

마찰 전기(정전기)

정전기는 서로 다른 물체를 문지르면 생기죠. 문지르면 문지를수록 전기가 더 많이 생겨요. 이때 전기의 양을 전하량이라고 해요. 무겁고 가벼운 정도를 나타내는 게 질량이라면 전기가 많이 모여 있는지 적게 모여 있는지를 나타내는 양이 전하량이에요. 질량의 단위가 kg이듯이 전하량에도 단위가 있어요. 전하량의 단위는 C라고 쓰고 '쿨롱'이라고 읽지요. 쿨롱은 프랑스의 과학자 이름인데, 그 사람이 전기에 대한 법칙을 처음으로 알아냈기 때문에 그 사람의 이름을 따서 전하량의 단위로 쓰는 거예요. 2kg이 1kg의 두 배가 되듯, 2C은 1C보다 전기가 두 배 많이 모여 있다는 뜻이죠.

(+)전기와 (−)전기

전기에는 두 종류가 있어요. 물체를 마찰시키면 두 물체는 서로 다른 전기를 띠지요. 왜 그럴까요? 모든 물체는 원자로 이루어져 있어요. 원자의 가운데는 핵이 있고 그 주위를 전자들이 돌고 있지요. 핵 속에는 전자와 같은 개수의 양성자라는 알갱이가 있어요.

전자는 (−)전기를 띠고, 양성자는 (+)전기를 띠고 있지요. 그런데 양성자와 전자가 띠고 있는 전하량은 크기가 같아요. 보통 때는 원자 속에 같은 개수의 양성자와 전자들이 살고 있으니까 원자는 전기를 안 띠고 있지요. 그런데 전자 한 개가 다른 곳으로 도망간다면 어떻게 될까요? (+)전기가 한 개 더 많아지지요. 그래서 원자는 (+)전기를 띠게 되는 거예요. 반대로 원자가 전자를 한 개 얻으면 (–)전기가 하나 더 많아지니까 원자는 (–)전기를 띠게 되지요.

그러니까 두 물체를 마찰시키면 어느 한 물체의 전자들이 다른 물체로 이사를 가요. 이때 전자를 잃은 물체는 (+)전기를 띠고 전자를 얻은 물체는 (–)전기를 띠게 되는 거예요.

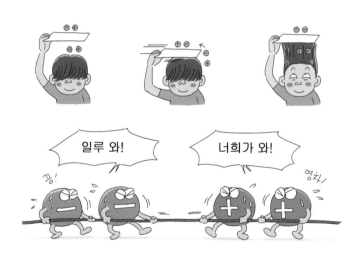

두 물체를 마찰시키면 어느 한 물체의 전자들이 다른 물체로 이동을 합니다.
이렇게 전자를 잃은 물체는 (+)전기를 띠고 전자를 얻은 물체는
(–)전기를 띠게 됩니다.

(+)전기를 띠는 물체와 (−)전기를 띠는 물체

어떤 물체가 (+)전기를 띠고 어떤 물체가 (−)전기를 띨까요? 어떤 물체는 전자를 얻는 걸 좋아하고 어떤 물체는 전자를 잃는 걸 좋아한답니다. 그러니까 두 물체를 서로 문지르면 전자를 얻기 좋아하는 물체는 전자를 얻어 (−)전기를 띠고, 전자를 잃기 좋아하는 물체는 전자를 잃어버리고 (+)전기를 띠게 됩니다.

과학자들은 어떤 물체가 전자를 더 잘 잃어버리는지 조사했어요. 예를 들어 털과 명주를 마찰시키면 털은 전자를 잃기를 좋아하고 명주는 전자를 얻기를 좋아하니까 털은 (+)전기를 띠고 명주는 (−)전기를 띠어요. 한편 명주와 고무를 마찰시키면 명주는 전자를 잃기를 좋아하고 고무는 전자를 얻기를 좋아하니까 명주는 (+)전기를, 고무는 (−)전기를 띠지요.

대전열이란 서로 다른 물체를 마찰시킬 때 (+)전하와 (−)전하를 띠는 물체를 순서대로 배열해 놓은 것으로 (+)쪽에 가까이 있는 물체들은 (−)전기를 잃기 쉬운 물체이고, 대전열에서 (−)쪽에 가까이 있는 물체는 (−)전기를 얻기 쉬운 물체이다.

도체와 부도체

우리 주위에는 전기가 잘 통하는 물질도 있고, 전기가 잘 안 통하는 물질도 있어요. 전기가 잘 통하는 물질을 도체라고 하는데 금, 은, 구리, 철과 같은 금속이 도체예요. 전기가 잘 안 통하는 물질을 부도체라고 하는데 돌, 고무, 나무, 사기와 같은 것이 부도체이지요.

순수한 물은 전기가 잘 통하지 않아요. 하지만 사람의 몸에는 물에 녹으면 전기가 잘 통하는 물질인 염분이 있어서 젖은 손으로 전

전기가 잘 통하는 물질을 도체라 하고,
전기가 잘 통하지 않는 물질을 부도체라 합니다.

기 플러그를 만지면 아주 위험해요.

도체에 전기가 잘 통하는 이유

도체는 주로 금속이지요. 금속 속에는 길을 잃어버려 집시처럼 떠돌아다니는 전자들이 있는데 이런 전자를 자유전자라고 해요. 자유전자는 핵 둘레를 빙글빙글 돌지 않아도 되기 때문에 쉽게 돌아다닐 수 있어요. 그러니까 도체는 자유전자들이 쉽게 움직여 전기를 잘 흐르게 하는 거랍니다.

하지만 나무와 같은 부도체 속에는 자유전자가 없어요. 모든 전자들은 핵 둘레를 빙글빙글 돌고 있지요. 그러니까 부도체 속의 전자들은 자유전자처럼 자유롭지 못해요. 그래서 부도체는 전기가 잘 흐르지 않는 거예요.

여름에 정전기가 잘 안 생기는 이유

자동차는 달리면서 공기와 충돌하고 타이어를 통해 땅과 마찰을 일으키지요. 그래서 자동차에는 정전기가 생기는 거예요. 여름철에는 공기 중에 수분이 많지요. 수분은 전기가 잘 통하니까 자동차에 생긴 정전기가 수분을 통해 공기 중으로 날아가 버려요. 그래서 여름에는 정전기가 잘 생기지 않아요.

과학성적 끌어올리기

　기름을 가득 싣고 다니는 유조선에서 고무 신발을 신으면 위험하다고 해요. 그 이유는 뭘까요? 선원들이 고무 신발을 신고 유조선 위를 걸어 다니면 마찰 때문에 몸에 정전기가 쌓이게 돼요. 이럴 때 선원이 금속으로 된 손잡이를 만지면 선원의 몸에 고여 있던 전기가 금속으로 몰려들어 순간적인 불꽃 방전이 생기게 되지요. 그러면 배에 불이 붙을 수 있겠죠? 그래서 유조선에서는 고무 신발을 신지 않아요.

　그렇다면 이 정전기를 피할 수 있는 방법은 없을까요? 외출할 때 옷에 분무기로 물을 뿌리면 그 수분으로 인해 전기가 공기 중으로 날아가므로 정전기를 막을 수 있지요.

정전기를 이용하여 오염 물질 없애기

　화력 발전소에서는 석탄을 이용해 발전을 하죠. 석탄을 태우면 그을음과 같이 우리 몸에 해로운 오염 물질들이 많이 발생하는데, 이들이 모두 하늘로 올라가면 대기가 오염되어 사람들의 건강을 해롭게 해요. 그래서 화력 발전소나 오염 물질이 나오는 공장에서는 이들 오염 물질을 없애는 장치로 전기 집진기를 사용하는데, 이것은 정전기를 이용한 장치예요.

　그을음과 같이 오염된 물질이 전기 집진기 속으로 들어가면 (−)

전기를 띠고 있는 도선과 부딪쳐 오염 물질은 (-)전기를 띠지요.

도선과 오염 물질이 같은 부호의 전기를 띠므로 오염 물질은 도선으로부터 멀어지고 이 도선 주위에 (+)전기를 띤 판이 있으면 오염 물질은 이 판에 달라붙죠.

그래서 오염 물질이 대기 중으로 날아가는 것을 막을 수 있어요.

자동차의 쥐꼬리

자동차의 배기통에 쥐꼬리를 달고 다니는 차를 봤지요? 그건 자동차에 생긴 정전기를 땅으로 흘려보내는 역할을 하는 거예요.

정전기를 조심해야 하는 사람들이 또 있어요. 첨단 전자 제품을 만드는 사람들이죠. 그런 제품들은 아주 작은 전기만 흘러도 망가질 수 있거든요. 그래서 이런 공장에서는 소매와 팔에 접지선을 단 옷을 입고 작업을 하지요.

그렇다면 비행기는 어떻게 정전기를 밖으로 내보낼까요? 물론 비행기도 공기와의 마찰 때문에 정전기가 많이 모여요. 하지만 비행기는 하늘을 날기 때문에 자동차처럼 쥐꼬리를 달고 다닐 수 없지요. 그래서 비행기는 바퀴를 특수 고무로 만들어 비행기에 모인 정전기를 하늘로 내보낸답니다.

정전기 유도

물체의 마찰이 없어도 두 물체에 전기를 띠게 하는 방법이 있지요. (-)전기를 띤 물체를 금속 근처에 가지고 가면 물체에 가까운 쪽은 (+)전기를 띠고 먼 쪽은 (-)전기를 띠게 되는데 이러한 현상을 정전기 유도라고 해요. 이와 같은 현상은 같은 부호의 전기끼리는 서로를 밀치고 다른 부호의 전기끼리는 서로 당기는 힘이 있기 때문에 일어나지요.

물체에 (+)전기를 가까이 하면 반대쪽에 있는 전자들이 움직여요. 그럼 (+)전기에서 먼 쪽은 (+)전기를 띠고 가까운 쪽은 (-)전기를 띠지요.

라이덴병

금속 막대
코르크 마개
유리병
주석판이
붙어 있다
금속의 사슬

1745년 네덜란드의 물리학자 뮈센부르크는 물체에 생긴 전기를 어떻게 하면 오랫동안 보관할 수 있을까에 대해 궁리했어요. 그는 물체에 전기를 띠게 한 후 그 물체를 부도체로 감싸면 부도체는 전기가 잘 통하지 않으므로 물체의 전기를 가둘 수 있을 거라고 생각했습니다.

그는 이것을 실험해 보고자 동료인 크네우스와 함께 유리병에 물을 담아 주석의 사슬을 물에 담그고 사슬의 한쪽 끝은 전기를 발생시키는 장치에 연결하여 유리병 속의 물에 전기를 모았습니다. 이 실험은 네덜란드의 라이덴 대학에서 행해졌기 때문에 라이덴병이라고 불리게 되었지요.

프랑스의 놀레는 왕을 기쁘게 해 주기 위해 라이덴병에 전기를 모은 뒤 병사들로 하여금 손을 잡고 원을 만들어 라이덴병을 만지게 했어요. 그러자 라이덴병의 전기가 병사들의 몸을 타고 흘러 모든 병사들이 뒤로 넘어지는 무서운 사건이 벌어졌습니다.

1747년 7월 14일 영국의 물리학자들은 런던 의사당 근처의 웨스트민스터 다리에 모여 많은 사람들이 보는 앞에서 라이덴병 속의 전기가 폭이 400m나 되는 템스강을 건너갈 수 있다는 것을 보여 주기로 했습니다. 그들 중 한 사람의 왼손에 라이덴병의 바닥을 올려놓고 위쪽의 둥그런 손잡이에 기다란 철사를 연결했어요. 그리고 그 철사를 템스강 반대편에 있는 사람이 왼손으로 잡고 있었지요. 두 사람은 오른손에 쇠막대를 들고 있었어요. 두 사람이 동시에 쇠막대를 강물에 넣는 순간 두 사람은 전기 쇼크를 받았습니다. 그러니까 라이덴병의 전기가 400m에 달하는 강물을 건넜던 것입니다. 그 후 사람들은 전기가 수 킬로미터의 철사를 통해 눈 깜짝할 사이에 이동한다는 것도 알아냈습니다.

피뢰침의 발명

1747년 프랭클린은 물체는 본래부터 전기를 띠는 것이 아니며 마찰에 의해 전기를 띠게 될 때 하나의 물체에서 다른 물체로 양의 전기가 흘러간다고 믿었습니다. 즉 털가죽으로 유리를 문지르면 유리에서 털가죽으로 양의 전기가 흘러들어 가기 때문에 털가죽은 양의 전기를 띠고 유리는 음의 전기를 띤다는 것이 그의 생각이었지요.

같은 해 그는 번개가 전기 현상이라는 가설을 발표했습니다. 즉 구름으로부터 땅으로 전기가 이동하는 것이라고 생각했지요.

또한 그는 물체의 뾰족한 곳이 뭉툭한 곳보다 전기를 더 잘 모으는 성질이 있다는 것도 알아냈습니다. 그리하여 그는 건물 꼭대기에 뾰족한 금속을 세우고 금속 도선을 통해 땅으로 연결하면 번개에 의해 발생한 전기를 뾰족한 금속이 받아서 도선을 통해 땅으로 흘려보낼 수 있을 것이라고 생각했습니다. 프랭클린의 이 발명품은 피뢰침이라고 불렸습니다. 당시에는 화학 공장이나 기름 창고들이 벼락에 의해 불타는 사고가 많았는데 피뢰침의 발명으로 이런 피해를 막을 수 있었답니다.

번개의 전기

1752년 6월 프랭클린은 스물한 살인 아들 윌리엄과 함께 번개가 전기 현상이라는 것을 증명하기 위해 산속 오두막집으로 들어갔어요.

프랭클린은 가늘고 긴 나무막대 두 개를 십자가 모양으로 만들고 큰 손수건으로 네 귀퉁이를 묶은 연을 만들었어요. 그리고 세로축 나무막대에 긴 철사를 묶어 연줄과 연결했지요. 프랭클린은 번개의 충격이 연줄을 통해 손에 전달될까 봐 손잡이 부분에 부도체인 명주 리본을 연결했어요. 또한 명주 리본과 연줄 사이에 쇠로 만든 열쇠를 매달아 열쇠 가까이 손가락을 가져가면 전기가 흐르는지를 느낄 수 있도록 하였습니다.

프랭클린 부자는 명주 리본과 열쇠가 젖지 않도록 오두막집 문가에서 비를 피하며 연을 번개 구름이 있는 곳까지 띄웠습니다. 한참 동안 반응이 없어 포기하고 돌아설 무렵 프랭클린의 손에 어떤 느낌이 왔어요. 프랭클린이 손가락을 열쇠에 가까이 가져가 대자 불꽃이 튀었습니다.

사실 프랭클린의 실험은 커다란 행운이 따른 것이었지요. 굉장히 위험한 시도였으니까요. 이듬해 러시아의 리치만은 구름에서 발생하는 전기를 연구하다가 벼락을 맞아 그 자리에서 사망했습니다. 벼락이 실험 장치와 불과 30센티미터 정도 떨어진 리치만의 머리로 떨어졌기 때문이에요.

과학성적 끌어올리기

번개가 전기를 띠는 이유

번개는 어떻게 생길까요? 번개 구름 속에서는 물방울들과 작은 얼음 조각들이 서로 마찰을 일으켜요.

이렇게 마찰이 일어나면 얼음 속에 있던 전자들이 튀어 나와 물방울로 들어가요. 그럼 얼음 조각은 (+)전기를, 물방울은 (-)전기를 띠지요. 이때 얼음 조각들은 구름 위쪽에 모이고 물방울들은 구름 아래쪽에 모이죠.

번개 구름의 아랫부분이 (-)전기를 띠므로 그것과 마주 보고 있는 땅 표면은 정전기 유도에 의해 (+)전기를 띠게 돼요.

이제 구름 아랫부분의 전자들이 (+)전기를 띤 땅을 향해 무서운 속력으로 달려가지요. 그것이 바로 번개예요.

번개 칠 때 주의 사항

번개 칠 때는 다음 사항을 명심하세요.

● **높은 곳에 가지 마라**

높은 곳은 낮은 곳보다 번개로부터 더 위험하기 때문이죠. 또한 나무 밑이나 우산 밑, 그리고 물이 많이 고여 있는 곳은 피하는 게 좋아요.

● **차 안이 안전하다**

번개가 심하게 내리칠 때는 차 안과 같은 금속 안이 오히려 안전하지요. 번개의 전기가 차의 표면을 따라 흐르고 차 안에 있는 사람에게는 흐르지 않기 때문입니다.

● **넓은 들판에서는 몸을 둥글게 웅크려라**

그렇게 하면 몸에 뾰족한 부분이 없어 전기가 덜 모이죠. 전기는 뾰족한 곳에 많이 모이니까요.

자석에 관한 사건

영구자석과 전자석

영구자석과 전자석은 어떻게 다를까요?

과학공화국 서부의 고철 공장 사장인 나힘세 씨는 처음에는 작은 고철상부터 시작했다. 한 평이 갓 넘는 좁은 고철상에서 그가 이렇게 큰 고철 공장 사장이 되기까지는 많은 노력이 숨어 있었다. 늘 연구하고, 개발하고, 고철을 모으는 데 자신의 힘을 아끼지 않았던 것이다. 처음에는 혼자서 시작했던 이 사업이 점점 커지면서 많은 사람들이 고철 공장에 들어오게 되었다.

그런데 최근 나힘세 씨의 고철 공장 옆에 무인 고철 공장이 들어서게 되었다. 자신의 고철 공장처럼 사람들이 북적거리는 곳이 아니라, 기계가 척척 고철을 옮기고 차에 싣는 작업까지 하는 공장이었다. 처음에 나힘세 씨는 무인 고철 공장을 신경 쓰지 않았지만, 싼 고철 가격으로 인해 자신의 고철 공장의 주문 의뢰가 줄어들게 되자 그는 고민에 휩싸이게 되었다.

'이러다간 다시 예전의 힘들었던 조그만 고철상으로 돌아가야 할지도 몰라. 어떻게 하면 우리도 무인 고철 공장처럼 싼 가격대로 맞출 수 있지. 고철들이 너무 무거워서 창고로 옮기는 일을 나 혼자서 할 수도 없고. 어떻게든 인건비를 줄여야지 그나마 가격 경쟁이라도 할 수 있을 것 같은데.'

나힘세 씨는 공장 문을 닫고 집에 돌아가는 내내, 그 생각을 떨쳐 버릴 수가 없었다. 어떻게든 아껴 보려고 요즘은 사장의 특권이라며 타고 다니던 자동차도 버린 지 오래였다. 버스 창밖을 보며 골똘히 생각에 잠겨 있을 때였다. 마침 큰 전광판에 광고가 하나 흘러가고 있었다.

'쇠붙이를 옮길 때는 우리 자석, 튼튼 자석이 최고입니다.'

튼튼 초강력 자석 회사에서 이번에 새롭게 출시한 튼튼 자석 광고였다.

"옳거니! 저거야, 저거. 초강력 자석인 튼튼 자석에 고철을 붙여서 옮기면 인건비를 훨씬 줄일 수 있겠군. 좋아, 좋아. 저거야."

나힘세 씨는 튼튼 초강력 자석을 구입하였다. 그는 마치 무인 고철 공장과의 가격 경쟁에서 벌써부터 승리한 듯 들떠 있었다. 그런데 튼튼 초강력 자석에도 문제가 있었다. 고철을 붙여서 창고까지 가는 건 좋은데, 창고로 가면 다시 무거운 고철을 낑낑거리며 자석에서 떼어 내야 했던 것이다. 그래서 인건비는 인건비대로 들고, 초강력 튼튼 자석 값을 지불해야 하는 바람에 나힘세 씨의 공장은 점점 더 힘들어졌다.

'쇠붙이를 옮길 때 튼튼 자석을 쓰라며? 근데 지금 이게 뭐야. 분명 이건 허위 광고야. 당장 신고해 버리겠어.'

나힘세 씨는 너무나 화가 났다. 그래서 결국 튼튼 초강력 자석 회사를 물리법정에 고소했다.

전자석은 전기를 흘려 주면 자석이 되고,
전기를 끊으면 자석이 되지 않는 특징을 가지고 있습니다.

영구자석과 전자석의 차이는 뭘까요?
물리법정에서 알아봅시다.

🧑‍⚖️ 재판을 시작합니다. 피고 측 변론하세요.

🧑 친애하는 판사님, 튼튼 초강력 자석 회사는
뭐니 뭐니 해도 자석을 파는 업체입니다.
이 회사가 뭐라고 광고를 했습니까? 쇠붙이를 옮길 때는 튼튼
자석이 최고라고 했지요. 튼튼 자석으로 쇠붙이를 옮기는 데
문제가 있었습니까? 자석으로 쇠붙이를 옮기는 일은 잘되지
않았습니까? 물론 자석에서 쇠붙이를 떼는 것은 조금 힘든 작
업이었을지 모르나, 분명 그것까지는 광고에서 얘기하지 않
았습니다. 옮길 때는 저희 튼튼 자석이 최고입니다. 자석을
떼야 하는 수고로움은 저희랑 관계없는 것 아닌가요?

🧑‍⚖️ 음, 좋습니다. 그럼 원고 측 변론하세요.

🧑 저는 피렌체 대학 자석 공학 교수인 아킬레 교수님을 증인으
로 요청합니다.

아킬레 교수는 당당하게 걸어 들어왔다. 약간 벗겨진 머리가
교수의 연구 업적을 대변해 주는 듯했다.

아킬레 교수님, 교수님은 자석 공학에 관해서는 일대 일인자라고 들었는데요.

저는 일인자가 아닙니다.

네?

저는 이인자, 삼인자, 사인자지요. 하하!

지금 농담하시는 거지요?

농담이라니요. 저는 담농을 하고 있답니다. 하하!

독특하고 재미있는 교수님이라고 하시더니, 말씀대로시군요.

유머는 현대인의 필수죠. 물치 변호사를 보아하니, 인생이 딱딱하고 재미없을 것 같네요. 유머가 있어야지요, 유머가!

아니 지금 절 뭐로 보고…… 저도 한 유머 하거든요.

그럼 이 빼기 이는 얼마죠?

틀니지요.

이야! 대단한걸요, 허허. 하지만 이런 속임수에 넘어오다니, 물치 변호사도 못 말려요, 못 말려.

증인, 여기서는 웬만하면 꼭 필요한 말만 해 주십시오.

아, 죄송합니다. 여하튼 저는 자석에 대해서는 모르는 게 없다는 말이지요.

뭐, 이상하게 결론에 도달하긴 했지만, 자석에 대해 모르는 게 없으시다니 한 가지 물어보지요.

무는 건 아픈데요, 하하.

끄응! 교수님, 초강력 자석으로 고철을 옮기려니 그 불편함이 이루 말할 수 없다고 하더군요.

그거야 당연히 그렇지요. 영구자석 같은 경우에는 무조건 고철이 붙게 되어 있거든요.

그렇다면 '고철을 옮길 때 자석을 쓰세요!' 라는 광고 문구는 허위 과장 문구 아닙니까?

음, 그렇다고도 볼 수 있고, 아니라고도 볼 수 있겠군요.

어째서 그렇지요?

자석 중에도 아까 얘기한 영구자석처럼 한번 붙으면 쉽게 떨어지지 않는 자석이 있는가 하면, 전자석이라는 녀석도 있지요.

전자석이라고요?

전자석이라 함은 전기를 흘려주면 자석이 되고, 전기를 끊으면 자석이 되지 않는 녀석을 말하지요.

아, 그럼 영구자석이 아니라 전자석을 쓰면 쉽게 고철을 옮길 수 있겠군요.

그렇지요. 고철이라는 녀석을 옮길 때에는 전기를 흘려주어 자석이 되게끔 해서 딱 붙여 옮기고, 창고에서 떼어 놓을 때는 전기를 끊어 주면 쉽게 떨어지게 되어 있지요.

영구자석과 전자석에 그런 차이가 있었군요. 전자석이 영구

자석보다 편리하다는 것을 이번 사건을 통해 모두 알게 되었으면 좋겠습니다.

재판 후, 나힘세 씨는 처음에 샀던 영구 자석을 전자석으로 교환할 수 있었다. 예전에는 고철을 어떻게 창고로 옮겼을까 생각할 만큼, 그의 공장은 직원 몇 명 없이도 잘 돌아가게 되었다. 그는 끊임없는 노력으로 마침내 무인 고철 공장만큼 자신의 고철도 가격대를 내릴 수 있게 되었다. 게다가 고철 실명제를 실시하여 자신이 만든 고철에 이름을 찍어 내다 팔았다. 그의 제품에 대한 사람들의 신뢰도가 높아짐에 따라 나힘세 씨의 공장은 더욱 번창하게 되었다.

자석교

사이비 교주는 N극과 S극 사이의 비밀을 어떻게 알았을까요?

사건속으로

요즘 과학공화국에는 큰 골칫거리가 하나 있다. 자꾸 사이비 종교가 늘어나는 것이다. 이상한 주문을 외워 대는 사이비 종교부터 사람들의 눈만 보면 교주가 영혼을 빼 간다고 생각하여 눈을 감고 다니는 사이비 종교까지, 무분별한 종교의 자유로 인해 과학공화국은 여간 골머리를 앓는 게 아니었다.

결국 과학공화국 대통령은 극단의 조치로 종교 검열화 정책을 시행하기로 했다. 종교의 특성을 파악하고 어떤 설법을 전파하는가 본 뒤, 사이비로 판별되면 모두 법적 조치를 취하겠다는 정책이다.

검찰은 종교 검열화 정책에 맞추어 여러 가지 사이비 종교를 조사하기 시작했다. 첫 번째로 검열하게 된 종교가 바로 자석교였다. 자석교는 현재 사이비 종교 시장에서 가장 많은 신도수를 가지고 있으며, 종교에 대한 확고한 믿음 때문에 지금도 끊임없이 신도수가 늘어나고 있는 추세였다.

검찰은 몰래 잠입 수사에 착수했다. 검찰 직원인 나수석 씨가 잠입을 하기로 결정되었다. 그는 마치 새로운 신도인 양 점잖게 앉아 있었다.

새로 온 신도들을 환영하는 장대한 음악이 울려 퍼지고, 새 신도들은 모두 교주 앞으로 나오라는 사회자의 설명이 이어졌다. 나수석 씨는 정말 자석교를 절실히 믿는 것처럼 연방 절을 하며 교주 앞으로 나아갔다. 교주는 일일이 신도들에게 자석으로 된 헤어밴드를 나누어 주며, 앞으로는 신당 안에 들어올 때면 헤어밴드를 착용하라고 했다. 그리고는 자석교가 얼마나 번창할 것인가에 대해 설교했다. 나수석 씨는 신기해하며 헤어밴드를 머리에 두르고 있었다. 그런데 놀라운 일은 그 다음에 벌어졌다.

"이제 신도 여러분의 믿음이 얼마나 커졌는지 확인할 것입니다. 자석교에 대한 여러분의 믿음이 커져 있다면 제 손에 여러분들이 끌려 올 것이고, 믿음이 부족하다면 멀어질 것입니다. 멀어진 신도들은 반성의 의미로 신당 건립금을 평소보다 두 배 이상 내야 할 것입니다. 신도 여러분, 자석교를 믿습니까?"

"믿…… 습니다."

열렬한 환호가 울려 퍼졌다. 그리고는 놀랍게도 교주가 손을 대자 정말로 머리가 교주의 손에 가깝게 다가오는 사람도 있었고, 멀어지는 사람도 있었다. 교주와 멀어진 이들은 부끄러워하며 고개를 숙인 채 중얼중얼 반성의 기도문을 읊조렸다.

'맙소사! 이런 일이 일어나고 있었단 말이야. 이 사이비 종교의 믿음이 모두 교주의 손에 끌려 나오는지 아닌지에 달려 있다니. 놀라워, 놀라워!'

나수석 씨는 어떻게든 이것이 사이비 종교라는 것을 증명해야겠는데, 증거를 잡지 못하고 있었다. 그러던 중 교주가 자기 앞으로 다가왔다. 순간 나수석 씨는 긴장했다. 왠지 자신이 자석교 신도가 아니라는 것이 이 순간 들통 날 것만 같았다.

"신도여, 부끄러워 말고 고개를 들라. 우리 신당을 처음 찾은 것인가?"

"네, 자석교를 믿은 지는 오래되었으나, 신당이 어디 있는지를 몰라 찾고 또 찾았습니다."

"좋아, 그럼 자네의 믿음의 정도를 한번 보겠네."

나수석 씨는 두근거리는 마음을 진정시킬 방법이 없었다. 왠지 자석교를 믿지 않는 자신이 교주의 손에서 멀어질 것만 같았기 때문이다.

그런데 이게 웬걸! 전혀 믿음이 없는 나수석 씨의 몸이 교주의 손 가까이 끌려갔다.

"자네에게 자석교의 축복이 내리셨네. 믿음이 충만하니 앞으로
도 계속해서 이 믿음을 지켜 나가도록 하게나."

나수석 씨는 분명 헤어밴드에 무언가 비밀이 있다고 생각했다.
그렇지 않고서야 자석교를 전혀 믿지 않는 자신의 몸이 끌려갈 리
없었던 것이다.

무사히 집회를 마치고 나온 나수석 씨는 헤어밴드와 교주의 손
에 붙어 있던 검은색 물체가 관련 있다고 생각했다. 하지만 아무리
궁리를 해도 알 수가 없었다. 그래서 하루라도 빨리 자석교가 사이
비라는 것은 밝혀야겠는데, 검사팀에서 아무리 연구를 해도 답이
나오지 않자 물리법정에 이 종교가 사이비 종교임을 판명해 줄 것
을 요청하게 되었다.

자석은 N극과 S극으로 나누어지며 같은 극끼리 서로 밀어내는
척력과 다른 극끼리 서로 잡아당기는 인력이 작용합니다.

여기는 **물리법정**

두 자석 사이에 작용하는 자기력은
어떤 역할을 할까요?
물리법정에서 알아봅시다.

재판을 시작하겠습니다. 피고 측 변론 부탁
드립니다.

지금 검찰 측에서는 사이비 종교 타파를 빌
미로 무수한 종교를 무차별적으로 조사하고 있습니다. 그러
나 사이비 종교 타파가 목적이면 사이비 종교만 조사해야지,
왜 신도수가 30만이 넘는 자석교를 감히 넘보는 것입니까?

신도수가 얼마인 것은 중요하지 않소.

그렇지요. 하지만 그렇게 신도가 많다는 말은 많은 사람들이
믿음을 가지고 있다는 얘기지요. 어떻게 그런 강한 믿음을 가
질 수 있을까요? 그건 사이비 종교가 아니기 때문에 그럴 수
있는 것입니다. 자석교는 그 이름만 들어도 유명한 자아석 교
주님을 제1대 교주로 모시고, 지금은 4대 교주까지 탄생한 유
서 깊은 종교입니다. 자아석 교주님이 지금 이런 말도 안 되
는 일로 자석교가 법정에 올라와 있는 걸 알면 아마 깜짝 놀
라실 겁니다. 아니, 하늘에서 통곡을 하시겠지요.

사이비 종교가 아니라는 것을 입증할 좀 더 물질적인 자료를
들 수 있습니까?

판사님, 판사님은 어떤 종교를 가지고 계십니까?

나야 뭐, 나신교지요.

나신교요?

나를 믿는 종교 말입니다. 나는 종교가 없어요. 나를 믿지요.

그럼 그것에 대한 물질적인 자료를 들 수 있습니까?

물치 변호사, 지금 나를 취조하는 거요?

아닙니다. 제 말은 종교를 믿는 데 있어서 물질적인 증거를 댈 수는 없단 말이지요.

하지만 자석교가 사이비라는 증거를 댈 수만 있다면, 그 종교는 사이비인 것 아닌가요?

무슨 증거가 있단 말이오! 자석교는 확실한 종교인데, 어째서 사이비 운운한단 말이오.

판사님, 이제 제가 변론을 해도 괜찮겠습니까?

물론이오. 원고 측 변론하시오.

저는 나수석 씨와 며칠 밤을 연구하고 얘기를 나누었습니다. 나수석 씨가 누구냐 하면, 바로 자석교에 직접 잠입하여 수사를 했던 검찰 직원이죠.

역시 피즈 변호사 측은 모두 치사하오. 잠입 수사라니. 아, 치사해. 아, 치사해. 퉤퉤!

말조심하시오, 물치 변호사. 나수석 씨는 자석교를 믿지 않지만, 그 자리에서 열렬히 믿는 척 연기를 했습니다. 교주는 그

의 믿음이 강하면 교주의 손에 그가 따라올 것이라 했고, 믿음이 약하면 교주의 손에서 멀어질 것이라고 했습니다. 그런데 놀랍게도 나수석 씨는 믿지 않음에도 불구하고 교주의 손에 끌려갔지요.

그게 바로 나수석 씨에게도 자석교의 믿음이 생겼다는 가장 큰 증거지요. 믿지 않는 사람에게도 믿음을 주는 이 자석교! 엄청난 종교 아닙니까?

물론 엄청난 종교지요. 자석을 가지고 그렇게 큰 사기를 칠 생각을 했으니까요.

뭐라고요? 사기라니요?

신도들에게 나누어 준 헤어밴드에 무언가 비밀이 있을 거라고 생각한 우리는, 헤어밴드를 분해해 보았습니다. 헤어밴드 안에는 놀랍게도 장식을 가장한 자석이 들어 있었습니다. 그리고 정면이 N극이 되게 놓여 있었지요.

자석교니까 그저 자석이 있는 것뿐이라고요.

끝까지 들어 보십시오. 헤어밴드 안에 왜 자석이 있을까 의문이 생겼습니다. 그런데 곰곰이 생각해 보니, 나수석 씨에게 교주는 자신의 오른손을 내밀며 그의 믿음을 확인해 보겠다고 했답니다. 그리고 그는 교주의 손에 끌려갔지요. 그런데 바로 옆에 있는 새로 온 신도에게는 왼손을 내밀며 그의 믿음을 확인해 보았다는 겁니다. 어찌 되었을 것 같습니까?

어찌 되긴요. 그가 믿는다면 끌려갈 것이고, 안 믿는다면 안 끌려가겠지요.

놀랍게도 그는 뒤로 밀려났지요. 나수석 씨가 유심히 관찰해 본 결과 끌려가는 사람들에게는 모두 오른손을 내밀었다는 겁니다. 그리고 양손에 검은 무언가를 붙이고 있었다는 것. 이게 무엇을 의미할까요?

혼자 영화 찍소? 할 말이 있으면 속 시원히 좀 얘기해 보시오.

그것은 곧 이것을 의미하지요. 사실 교주의 오른손에는 S극이 앞을 향해지도록 자석이 붙어 있었던 겁니다. 그리고 교주의 왼손에는 N극이 앞을 향하도록 붙어 있었고요. 신도가 믿음이 있는 자처럼 보이게 할 때는 오른손을 앞으로 내밀어 끌려오게 하고, 믿음이 없는 자처럼 보이게 할 때는 왼손을 앞으로 내밀어 밀려나게 했던 것입니다. 이건 자석의 힘을 이용한 사기라고밖에 판단할 수 없습니다. 사람들의 믿음을 악용한 나쁜 종교 집단이라고 볼 수 있지요.

헉! 정말 자석교가 그랬단 말이오? 우리 엄마도 믿고 있는데. 아이고, 아이고! 엄마한테 뭐라고 말해야 하나?

판사님, 자석교는 종교에 대한 사람들의 믿음을 악용하여, 지금까지 30만이 넘는 사람들을 상대로 사기 친 것이 분명합니다. 고로, 이 종교를 신속히 사이비로 판명하여 우리 사회에 잘못된 믿음을 전파하는 종교들이 없어질 수 있도록 특단의

조치를 내려야 한다고 생각합니다.

맞습니다. 과학을 이용하여 사람들을 속이는 사기 행각이 점점 늘어나고 있는 것이 오늘날의 현실입니다. 그런 차원에서 이번 사건을 일으킨 사이비 종교 자석교에게 다시는 그런 짓을 하지 못하도록 엄중한 처벌을 내릴 것입니다.

지워진 미술 작품

자석은 어떻게 미술관 속 유화를 사라지게 했을까요?

과학공화국에서 가장 유명한 미술관은 뭐니 뭐니
해도 '초현실주의 미술관' 이다. 그 미술관은 이제
껏 평이하게 전시되던 그림의 틀을 과감히 벗어던

지고, 늘 새로운 미술 작품을 전시함으로써 사람들을 놀라게 했다.

10월을 맞아 '초현실주의 미술관' 에서 전시되는 미술 작품은 새
로운 물감을 사용한 그림들이었다. 뭔가 금속 성분의 물감 같은 느
낌으로 그려진 그림들로, 조금은 엽기적이고 독특한 작품이었다.

예를 들면, 작품명 〈꾀죄죄〉 같은 경우에는 쭈그리고 앉아 있는
사람의 몸에서 케케묵은 냄새가 나는 듯한 모습이 상세하게 그려

진 그림이었다. 게다가 〈뒤편에서〉라는 작품을 보면 사람의 얼굴만 둥둥 떠 있는, 흡사 귀신 그림을 연상시키는 그림이었다.

이번 전시회 역시 많은 사람들의 관심을 집중시켰다. 독특하고, 보통 사람들은 접근할 수 없을 것만 같은 신비로운 느낌에 모두들 경악을 금치 못했다. 아마도 그런 독특함 때문에 더욱 많은 관람객들이 모이는 듯했다. 초현실주의 미술관에는 하루가 멀다 하고 많은 사람들이 모여들었다. 그중에 엄마 손에 끌려온 말썽꾸러기 니콜라가 있었다. 니콜라는 보기 싫은 미술 작품들을 엄마가 자꾸 설명해 주려고 하자, 결국 엄마의 손을 벗어나 전시장을 놀이터인 양 돌아다녔다.

"거기 꼬마야, 전시장에서는 뛰어다니면 안 된단다."

미술관 경비원 아저씨가 뛰어다니는 니콜라를 혼내자, 니콜라는 금세 시무룩해졌다.

'그럼 도대체 나보고 여기서 뭘 하고 놀라는 말이야? 에이, 재미없어. 참, 오늘 유치원에서 자석놀이 하고 받은 자석이 가방 안에 있었지!'

니콜라는 문득 오늘 유치원에서 했던 재미있는 자석놀이가 떠올랐다. 교실 안을 돌아다니며 자석을 갖다 대어, 자석이 붙는 물체와 안 붙는 물체가 있다는 것을 직접 실험해 보는 시간이었다. 니콜라는 미술관에서도 자석을 들고 다니며 자석에 붙는 물체랑 안 붙는 물체를 구별해 보고 싶었다.

이것저것 물체에 자석을 대 보다가 문득 걸려 있는 그림들은 어떤지 궁금해졌다. 니콜라는 작품에 자석을 갖다 대 보았다. 그러자 놀랍게도 그림이 모두 사라져 버렸다. 니콜라는 신기해서 그 옆의 그림에도 자석을 가까이 대 보았다. 그러자 역시 그 그림도 모두 지워졌다.

니콜라는 너무 재미있고 신기해서 깔깔대고 웃었지만, 미술관에서는 난리가 났다.

"꼬마야, 너 대체 뭐하는 짓이니?"

"크크! 이 그림 신기하네요. 지들이 막 사라져요."

"뭐라고? 이 녀석 일부러 그랬지?"

"아녜요."

"이 녀석, 혼내 줄 테다. 미술관 그림을 이렇게 망쳐 놓고도 네가 무사할 줄 아느냐."

"치! 내가 무슨 잘못을 했다고."

전혀 반성하지 않는 니콜라의 태도를 보자 미술관 측에서도 가만있을 수만은 없었다. 결국 초현실주의 미술관 측은 니콜라를 물리법정에 고소하게 되었다.

MR 유체에 자석을 가까이 대면 MR 유체가 자석에
달라붙어 그림이 사라져 버리는 것입니다.

액체이면서 고체인 물질도 있을까요?
물리법정에서 알아봅시다.

피고 측 변론하세요.

니콜라는 초현실주의 미술관에 엄마와 함께 갔습니다. 그런데 갑자기 자신이 보고 있던 그림이 사라진 것입니다. 니콜라는 아무 짓도 하지 않았습니다. 그저 자석을 가지고 놀면서 그림을 구경했을 뿐이지요. 그런데 지금 미술관 측에서는 니콜라가 그림을 없앴다며 니콜라에게 모든 책임을 물으려 하고 있습니다. 어린 니콜라가 마술사도 아니고, 무슨 능력으로 그림을 지운단 말입니까?

원고 측 변론하세요.

초현실주의 미술관에 엄청나게 큰 손해를 입힌 일이 아니라 할 수 없습니다. 미술관은 전시를 목적으로 그림을 빌려옵니다. 잘 보존하고 관리해서 작품을 돌려줘야 하는데, 지금 저 꼬마 친구의 실수로 초현실주의 미술관은 막대한 피해를 입게 된 것입니다.

그림을 니콜라가 망친 것도 아니잖습니까?

아니지요. 니콜라가 그림을 엉망으로 만들었지요.

증거 없는 말은 꺼내지도 마세요.

증거가 없다니요. 바로 자석이 증거입니다.

뭐라고요? 지금 자석으로 그림을 지웠다는 얘기를 믿으란 말입니까?

이번 미술 작품을 직접 그리신 프린트 화백을 증인으로 요청하는 바입니다.

얼굴이 하얀 백지장 같은 프린트 씨가 총총걸음으로 걸어 나왔다. 언짢은 표정에서 그의 작품이 망가진 것에 대한 노여운 감정을 읽을 수 있었다.

프린트 씨, 용기 있는 발걸음을 해 주셨습니다.

감히 제 그림을 망쳐 놓다니요. 가만두지 않으려고 이 자리에 섰습니다. 제가 어떻게 그린 작품인데.

힘들게 그림을 그리셨다는 것은 잘 알고 있습니다.

당신이 그림 그릴 때의 내 고통을 안단 말이오? 매일 밤, 물도 한 모금 마시지 않고, 오줌도 한 번 누지 않으며 그린 그림입니다. 오직 인내와 노력만이 이 그림을 창조할 수 있었지요. 오줌이 곧 나올 것 같은데도 필이 왔을 때 마무리 짓기 위해 참아야 하는 그 고통을 당신이 아느냐 말이오.

상심이 크셨나 보군요.

지금 상심이라고 했습니까? 차라리 작품을 도둑맞았다면 내

높은 명성 때문에 그런 거라고 생각하겠지만, 지금 아무것도 모르는 한 꼬맹이 녀석이 내 그림을 망쳤다고 생각하니……. 아이고, 정말 하늘이 무너지는 기분입니다.

그런데 어떻게 아무것도 모르는 한 꼬마가 그림을 망칠 수 있었을까요? 꼬마는 그냥 자석을 가지고 놀았을 뿐인데, 갑자기 그림이 사라진다는 게 가능한 일인가요?

바로 그 자석이 문제지요. 제 그림은 새로운 도전을 위해 특별히 MR 유체로 그린 작품이란 말입니다.

MR 유체라니요?

이런 무식할 데가. **MR 유체**라는 물질은 자석이 없을 때는 액체이지만, 자석을 가까이 대면 고체가 되어 자석에 달라붙는 물질을 말합니다. 이번 작품들은 모두 MR 유체로 그린 그림이란 말입니다.

그래서 니콜라가 자석을 갖다 대는 것만으로도 그림이 엉망이 되어 버리는 놀라운 일이 발생한 거로군요.

암요, 암요. 그러니 이제 나의 사랑스런 그림들은 어쩐단 말이오. 아, 나의 인내와 노력의 결정체여!

그렇다면 이번 사건의 잘못은 모두 니콜라에게 있다고 볼 수 있습니다. 비록 니콜라가 그 사실을 몰랐다고 하더라도, 프린트 씨의 노력으로 그려진 작품을 망가뜨리는 가장 큰 원인을 제공했다는 것은 부인할 수 없을 테니까요.

이제 판결하겠습니다. 이번 사건은 초현실주의 미술관에 찾아온 니콜라가 자석을 가지고 놀다가 그림이 모두 망가지면서 발생했습니다. 니콜라의 사소한 장난으로 인해 한 화가의 일생일대의 중요한 작품들이 한순간에 엉망이 된 것입니다. 그러나 니콜라의 잘못을 운운하기 전에 초현실주의 미술관에서 미리 작품의 특성을 이해하고, 미술관에 자석을 가지고 출입하는 것을 막았더라면 이런 일은 발생하지 않았을 것입니다. 니콜라가 고의성을 가지고 작품을 망가뜨린 것도 아닐 뿐만 아니라, 미술관에도 관리 소홀의 책임이 있는 것으로 판단됩니다. 따라서 니콜라와 미술관 측 모두 프린트 씨에게 보상을 해야 할 것입니다. 니콜라는 아직 학교도 안 간 어린 나이임을 감안하여 프린트 화백의 작업실 청소나 잔심부름을 해줄 것을 명하며, 초현실주의 미술관 측에서는 망가진 프린트 화백의 그림들을 모두 구매하여 프린트 씨에게 배상을 해야 할 것입니다.

초현실주의 미술관은 이번 재판을 통해, 미술 작품에 대한 사전 준비가 얼마나 중요한가를 다시 한 번 깨우쳤다. 그래서 이제는 미술 작품을 전시하기에 앞서 작품 재료의 특성과 주의 점을 꼼꼼히 체크하였다.

그리고 니콜라는 프린트 화백의 심부름을 하기 위해, 매일 프린

트 씨의 작업실로 가야만 했다. 그러나 니콜라의 장난기는 끊이지 않았다. 물감을 엎고, 작품을 밟는 등 도리어 프린트 씨를 힘들게 했다.

"아, 니콜라, 제발 부탁이야. 아무 일도 하지 마! 안 오면 더 좋고, 오더라도 그냥 가만히 앉아 있기만 해다오. 제발!"

자석옷

옷에 금속 장신구를 붙였다 뗐다 하는 것이 가능할까요?

과학공화국에서 패션 하면 떠오르는 도시, 밀리노를 빼놓을 수 없다. 밀리노에서는 온갖 다양한 패션들이 매일 디자인되었고, 그 옷의 새로움과 산뜻함에 모두의 이목이 집중되었다.

뽀대나 의류 회사에서는 매 분기별로 다양한 신제품 옷들을 출시하였다. 뽀대나 의류 회사는 밀리노 패션의 중심이라 할 수 있었고, 거기서 출시된 옷들은 순식간에 패션 잡지 1면을 장식하는 영광을 얻곤 했다.

가을을 맞아 뽀대나 의류 회사는 신제품 출시를 앞두고, 어떤 패션을 추구해야 할 것인가에 대한 회의를 열었다.

"이번 뽀대나 의류 회사의 신제품 발표에 모든 의류 업체들이 관심을 집중하고 있습니다. 더욱 새롭고 감각적인 옷이 되어야 할 것 같군요."

"실제로 요즘 트렌드는 옷의 실용성입니다. 여름옷을 가을에 다른 옷과 겹쳐서 입을 수 있는가와 같이 실용성이 중시되고 있는 요즘 분위기에 맞춘 신상품 발표가 중요할 것입니다."

"그래서 이번에 출시하려고 하는 신제품도 바로 그런 것입니다. 이번 신제품으로 밀고 있는 옷은 어떤 쇠붙이든지 붙는 의류입니다. 금속 장신구들을 그냥 옷에 붙이고 다니다가, 착용하고 싶을 때 착용할 수 있다는 장점이 있지요."

"오호, 그거 참 기발하군요. 아무래도 그런 옷이라면 독특하고, 실용성에도 부합하니 많은 사람들이 찾을 것 같네요."

회의 끝에 뽀대나 의류 회사에서는 그 옷을 이번 신제품으로 선정하였다. 그리고 얼마 후, 코엑스몰에서 화려한 신제품 패션쇼가 열렸다. 수많은 취재진과 패션 잡지 기자, 그리고 인기 모델들까지 엄청난 사람들이 몰려들었다.

패션쇼의 화려한 음악과 함께 모델들의 워킹이 시작되었다. 정말 장신구들이 달라붙은 옷을 입은 채 걸어가는 모델들의 모습은 마치 미래 세계에 온 듯한 환상을 불러일으켰다. 심지어 어떤 모델은 다리미까지 붙어 있는 옷을 입고 나오기도 했다.

박수갈채와 엄청난 환호가 코엑스몰을 가득 메웠다. 그러나 그속에서는 다른 경쟁 의류 업체들끼리 숙덕대는 소리도 들렸다.

"말도 안 돼. 저건 그냥 접착제로 옷을 장식한 것에 불과해. 어떻게 금속 장신구들이 그대로 붙어 있을 수 있겠어. 이건 사기야 사기."

결국 몇몇 의류 회사들은 단합하여 뽀대나 의류 회사를 사기 혐의로 고소하였다.

자석에는 고체 자석뿐만 아니라 액체 자석도 있으며,
액체 자석은 신용카드나 교통카드 등에 이용되고 있습니다.

액체로 된 자석도 있을까요?
물리법정에서 알아봅시다.

🧑 원고 측 변론하시오.

👩 판사님, 지금 제가 보여 드리는 사진은 바

로, 지난번 뽀대나 의류 회사에서 선보였던

패션쇼 사진입니다. 모델들의 사진을 한번 봐 주시겠습니까?

🧑 모델들이 어떻단 말이오? 참, 몸매가 잘 빠지긴 했소만.

👩 그렇지요? 저도 그렇게 생각합니다. 역시 모델들은 몸매

가…… 아니, 그게 아니라, 옷들이 말입니다. 이상하지 않습

니까?

🧑 이상하다니요?

👩 옷에 금속 장신구들이 붙어 있지 않습니까?

🧑 그렇지요.

👩 그게 될 법한 말입니까? 그래서 제가 주장하는 바는, 뽀대나

의류 회사에서 더 이상 좋은 아이디어가 없자 장신구를 그냥

옷에 접착제로 붙여 놓고, 마치 금속 장신구를 뗐다 붙였다

할 수 있는 것처럼 사기를 쳤다 이 말입니다.

🧑 그런가요? 아직 피고 측의 말을 들어 보지 못했으니 피고 측

의 이야기를 듣고 판단해 보도록 하지요. 피고 측 변론하세요.

친애하는 판사님, 지금 다른 의류 업체들이 뽀대나 의류 회사가 자꾸만 밀리노의 패션 중심이 되어 가자 질투를 하여 사기죄로 고발한 것 같은데, 이건 말도 안 되는 일이지요.

그건 무슨 말이오?

옷을 조금만 분석해 보면 사람들도 뻔히 알 것을 왜 뽀대나 의류 회사가 굳이 금방 들통 날 일을 하겠습니까? 정말로 뽀대나 의류 회사의 옷은 장신구를 붙였다 뗐다 하는 것이 가능하니까 신제품으로 출시한 것이지요.

아니, 어떻게 옷에 장신구들이 붙었다 떨어졌다 합니까? 옷에 테이프나 접착제를 붙여 놓지 않고서는 불가능한 일이 아니오.

분명 뽀대나 의류 회사에서는 모든 장신구를 옷에 붙였다 떼는 것이 가능하다고 하지 않았습니다. 금속 장신구만 가능하다고 했지요.

그러니까 그게 어떻게 가능하단 말이오.

뽀대나 의류 회사의 디자이너 찰리박 선생을 증인으로 요청하는 바입니다.

정확히 2대8 가르마를 하고, 백구두를 신은 찰리박 선생이
증인석에 앉았다.

증인은 무슨 일을 하고 계시죠?

저는 뽀대나 의류 회사의 대표 디자이너라고 할 수 있죠.

그럼 이번 신제품도 선생님 작품이라고 볼 수 있겠군요.

네, 그렇습니다.

많은 사람들이 의아해하고 있는 부분 중에 하나가 어떻게 옷에 금속 장신구를 붙였다 뗐다 하느냐는 것인데요.

아, 실은 저희도 그런 옷을 만들고 싶다는 구상만 하고 있었지요. 어떻게 해야 만들 수 있을지 몰라 고민하다가 액체 자석을 사용하기로 했습니다. 우리는 고체 자석만 있다고 착각하기 쉽지만, 실제로는 액체 자석도 있거든요. 이 액체 자석을 옷에 입힌 뒤 코팅한 것이지요.

아, 그렇군요. 그래서 쇠붙이가 옷에 달라붙는 게 가능했던 거군요.

그렇습니다. 저희는 검증된 과학적 사실을 바탕으로 옷을 만든 건데 그 옷이 사기라니요. 그럴 리가 없지요.

이야! 역시 뽀대나 의류 회사가 다르긴 다르군요. 근데 어떻게 액체 자석을 사용할 생각을 하셨나요?

우리가 흔히 가지고 다니는 신용카드나 교통카드에도 모두 액체 자석이 들어 있고, 그 위에 플라스틱으로 코팅을 한 것이지요. 이렇듯 일상생활 가까이에 있는 것들을 바탕으로 거의 아이디어를 얻지요.

허허, 그런 사실은 처음 알았군! 아무튼 과학은 새로움을 가

져다준다니까. 그럼 이번 재판은 판결할 것도 없군. 과학적으로 사실이니까 말이야.

뽀대나 의류 회사의 소송 문제는 밀리노에서 큰 관심사였다. 어떻게 판결이 나든 간에 밀리노 패션의 전반에 영향을 미칠 일이었기 때문이다. 하지만 뽀대나 의류 회사에 죄가 없는 것으로 판결이 나자, 뽀대나 의류 회사에 대한 사람들의 신뢰도는 더욱 높아졌다. 특히 디자이너들의 과학적 접근이 순식간에 보도를 타게 되면서, 뽀대나 의류 회사는 이제 밀리노의 패션뿐만이 아니라, 과학공화국 전반의 패션을 좌지우지하는 중요한 기업이 되었다.

과학성적 끌어올리기

자석의 발견

여러분은 주위에서 자석을 이용한 물건들을 많이 발견할 수 있을 거예요. 냉장고에 붙어 있는 병따개를 보세요. 병따개 밑에는 자석이 있고, 냉장고가 금속으로 만들어져 있으니까 병따개가 냉장고에 달라붙는 거죠. 이렇게 자석에는 쇠붙이가 잘 달라붙어요.

자석은 영어로 마그넷(magnet)이라고 해요. 그건 2000년 전 자석이 그리스의 마그네시아 지방에서 처음 발견되었기 때문에 붙여진 이름이에요. 그들은 쇠붙이를 끌어당기는 신비한 돌을 발견했고, 그 돌의 이름을 '끌어당기는 돌'이라고 불렀어요. 그것이 바로 자석이에요.

천연 자석과 인공 자석

그럼 자석은 무엇으로 만드나요? 자석을 만드는 암석은 마그네타이트라는 철광석이에요. 처음부터 자석이 되는 암석을 천연 자석이라 부르고 천연 자석과 부딪친 금속이 다시 자석이 된 것을 인공 자석이라고 부르지요. 인공 자석은 니켈과 코발트를 포함한 철 합금들이에요.

발견 당시 '끌어당기는 돌'이라 이름 붙여진 것이 바로 '자석'입니다.

과학성적 끌어올리기

자석에 잘 붙는 물질

자석에 잘 붙는 물체도 있고 잘 붙지 않는 물체도 있어요. 대부분의 금속들은 자석에 잘 붙고, 특히 철이나 코발트, 니켈과 같은 금속은 자석에 아주 잘 붙지요. 하지만 플라스틱, 유리, 알루미늄, 나무, 종이와 같은 물체들은 자석에 붙지 않아요.

철판, 병따개는 철로 되어 있으니까 자석에 잘 붙지요. 알루미늄도 금속이니까 자석에 붙을 것 같지만 모든 금속이 자석에 달라붙는 건 아니에요. 알루미늄이나 구리는 금속이긴 해도 자석에는 잘 붙지 않는답니다.

자기력

자석에 쇠붙이가 달라붙는 현상을 '자기'라고 해요. 자석과 쇠붙이 사이에 자기력이라는 힘이 작용하기 때문에 달라붙는 거지요. 그렇다면 자석과 자석이 붙는 현상은 무엇인가요? 물론 그것도 자기 현상이고, 그때의 힘도 자기력이에요.

자석에는 파랗게 칠한 부분과 빨갛게 칠한 부분이 구별되어 있어요. 그건 자석의 서로 다른 두 극을 나타내는 거예요. 이 두 개의 극을 자석의 양극이라고 하는데 한쪽은 N극, 다른 한쪽은 S극이라고 부르죠. 자기력과 양극 사이의 관계를 알아봅시다.

- 같은 극끼리는 밀치는 힘이 작용한다.
- 다른 극끼리는 서로 당기는 힘이 작용한다.
- 거리가 멀어질수록 자기력은 약해진다.

잘라진 자석

막대자석이 땅에 떨어져 두 동강이 났다고 해 봐요.

자석은 항상 양극을 가지며, 잘라진 자석도 다시 N극과 S극을 가집니다.

어랏! 그럼 하나는 N극만 가진 자석이고 다른 하나는 S극만 가진 자석인가요? 그렇지 않아요. 자석은 항상 양극을 가져요. 그러니까 잘라진 자석에도 다시 N극과 S극이 생기지요.

자기력이 가장 센 곳

자석에는 특별하게 자기력이 센 곳이 두 곳 있어요. 그곳은 바로 자석의 양극 부분이에요. 그러니까 철가루에 자석을 갖다 대면 자석의 양극 부분에 철가루가 제일 많이 붙지요.

전지와 발전기에 관한 사건

굴비 전지

어떻게 굴비를 이용해 전구에 불을 밝힐 수 있을까요?

김신비 씨는 어릴 때부터 과학자인 아버지에게서 과학에 관한 여러 가지를 배우게 되었다.

"신비야, 너는 아빠를 따라 꼭 훌륭한 과학자가 될 거란다. 그러니 과학 공부를 더욱 열심히 해야겠지?"

김신비 씨는 자신이 과학자가 될 거라는 사실에 한 치의 의심도 없었다. 태어나면서 지금까지 줄곧 해 왔던 것이 과학이었다.

김신비 씨가 열다섯 살이 되던 해 어느 날, 학교에서 단체로 마술쇼를 보러 가게 되었다. 처음으로 마술쇼라는 걸 보게 된 김신비 씨는 놀라운 마술 세계에 흠뻑 빠져들게 되었다. 마술은 늘 당연히 해야 했던 과학 공부와는 사뭇 달랐다. 정말 마술이 하고 싶다는 생각이 든 것이다.

그렇게 김신비 씨는 아버지 몰래 마술을 배우기 시작했다. 그는 마술을 하면 시간 가는 줄을 몰랐다. 그러다가 결국 아버지에게 자신이 마술을 배운다는 걸 들키고 말았다.

"신비야! 네가 그럴 수 있느냐! 아버지를 속이고 지금까지 마술을 배워 왔다니. 넌 과학자가 되어야 한다니까!"

"아버지, 전 마술을 하고 싶어요. 하지만 그냥 마술이 아니라 물리를 이용한 마술을 선보일 거예요. 그럼 사람들이 과학에 더욱 관심을 갖게 되겠지요."

처음에 아버지는 완강히 반대를 했다. 그러나 김신비 씨의 끈질긴 설득으로 마침내 허락을 받아 냈다. 그리고는 자신의 마술쇼 첫 공연에 아버지를 초청했다.

이번에는 과학자인 아버지를 위해 모두 물리를 활용한 마술로만 준비했다. 여러 가지 마술쇼가 진행되고, 마침내 마지막 마술만이 남았다.

"여러분, 오래 기다리셨습니다. 제가 이번에 보여 드릴 마술은 존경하는 과학자이신 저희 아버지께 바치는 마술입니다."

그는 일단 전구에 두 개의 도선을 연결하였다. 그리고는 도선을 건전지에 연결하지 않은 채, 건전지 없이 전구에 불이 들어오게 하겠다고 했다. 관객들이 술렁이기 시작했다.

"그게 가능한 일이야?"

"이야, 기대된다."

그는 조수를 시켜서 소금물에 절인 굴비를 가져오라고 했다. 사람들은 모두 숨을 죽이고 그를 유심히 바라보고 있었다. 그는 큰 소리로 주문을 외고, 전구와 연결된 두 개의 도선을 굴비에 꽂았다. 그 순간이었다. '파박' 소리와 함께 불이 들어왔다. 놀라운 일이었다. 건전지 없이 전구에 불이 들어오다니. 관중들의 함성 소리가 울려 퍼지고 멀리서 빙그레 웃는 아버지의 모습을 보자, 김신비 씨는 그제야 마음이 좀 놓였다.

그런데 이 마술쇼를 지켜보던 다른 마술사들이 문제였다. 갑자기 이 마술쇼는 사기라며, 말도 안 되는 일이라고 주장하고 나선 것이다. 결국 다른 마술사들이 그의 마술에 딴죽을 걸었고, 그는 결국 물리법정에 서게 되었다.

전기가 잘 통하는 전해질인 소금물에
서로 다른 두 금속을 꽂으면 전류가 흐르게 됩니다.

레몬이나 소금에 절인 굴비에 전선을 연결하면 전지가 되는 원리는 무엇일까요?
물리법정에서 알아봅시다.

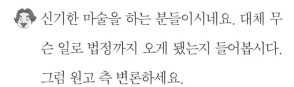

🧑 신기한 마술을 하는 분들이시네요. 대체 무슨 일로 법정까지 오게 됐는지 들어봅시다. 그럼 원고 측 변론하세요.

🧑 솔직히 말씀드리면 마술은 사기와 다름없습니다.

순간, 법정이 술렁이기 시작했다.

🧑 마술은 다 사기예요. 말도 안 되는 일을 말이 되는 것처럼 보이게 하고, 믿게 만들지요. 이번 사건도 마찬가지입니다. 건전지 없이 불을 켜다니요. 물론 멍청한 사람들은 속아 넘어가기 쉬운 마술이지요. 그러나 마술에서도 속여야 할 게 있고, 속이지 말아야 할 게 있어요. 지금처럼 굴비에 전선을 꽂아 놓으면 마치 전기가 통하는 것처럼 속이는 일은 하지 말아야 합니다. 이건 사람들을 희롱하는 일이 아니라 할 수 없습니다.

🧑 마술이 사기라니요? 마술은 꿈과 희망을 심어 주는 하나의 예술 세계입니다.

🧑 그러니까 아직도 피즈 변호사가 어리다는 얘기를 듣는 겁니다.

 게다가 이번 경우에는 과학적 사실을 바탕으로 한 마술인데, 그게 어떻게 사기일 수 있단 말입니까?

건전지 없이 불 켜지는 게 세상 천지에 어디 있습니까? 그럼 다들 소금에 절인 굴비를 들고 다니면서 불을 켜지요. 왜 건전지를 넣겠습니까?

어허, 이거 참! 제 말은 들을 생각을 않는군요. 과학공화국 전력 공사에서 과장직을 맡고 계신 침착해 씨를 증인으로 요청하는 바입니다.

40대의 덥수룩한 아저씨가 증인석에 앉았다.

증인은 전력 공사에서 일하신 지 얼마나 되셨나요?

20년이 다 되어 갑니다.

우아! 정말 오래 일하셨군요. 그럼 전기에 관한 웬만한 것은 다 알고 계시겠네요.

아마 그리 보셔도 될 겁니다.

이번에 마술사 김신비 씨가 사람들에게 놀라운 마술을 하나 보여 주었습니다. 소금에 절인 굴비에 전선을 연결시켜 전구에 불이 들어오게 했지요.

그게 마술입니까?

> **전력**
>
> 단위 시간에 사용되는 전기 에너지의 양을 전력이라 하며, 표시는 power의 첫글자 P로 표시한다. 단위로는 와트(W)를 사용하며 1와트란 1암페어(A)의 전류가 1볼트(V)의 전압이 걸린 곳을 지날 때 소비되는 전력의 크기이다.

제 말이 그 말입니다. 그건 마술이 아니지요? 사기지요?

아니, 그건 과학이지요.

네?

소금에 절인 굴비 속에는 소금물이 많아요. 소금물은 전기가 잘 통하는 전해질인데, 이곳에 서로 다른 두 금속을 꽂으면 전류가 흐르게 되지요. 그러니까 불이 켜지는 것은 당연하답니다.

그렇군요. 그렇다면 소금에 절인 굴비였기 때문에 가능한 마술이었군요.

그렇지요. 소금물의 전해질 성질을 이용한 거니까요. 게다가 마술사는 아연과 구리선을 이용했다고 했으니, 전해질 속에 서로 다른 금속이 꽂힌 것과 같은 이치였겠죠.

그럼 혹시 소금물 말고도 전해질로 가능한 것이 있습니까?

아, 그럼 제가 한 가지 실험을 해서 보여 드리도록 하죠. 지금 준비한 것은 레몬과, 아연, 그리고 구리, 전구, 전선입니다. 레몬에다 아연과 구리를 먼저 꽂습니다. 그리고 전선으로 전구와 연결합니다. 어떻습니까?

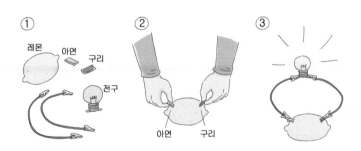

① 준비되어 있는 레몬, 아연, 구리, 전구, 전선

② 레몬에다 아연과 구리를 꽂습니다.

③ 전선을 전구와 연결하자 전구에 불이 들어옵니다.

우아! 불이 켜지는군요.

네, 그렇습니다. 레몬도 수분이 많아 전기가 잘 통한답니다. 그러니까 레몬으로도 꼬마전구에 불을 켤 수 있어요.

놀라운 사실이군요. 판사님, 김신비 씨는 결코 마술로 사람들에게 사기를 친 것이 아닙니다. 전해질 성질을 이용하여 과학의 신비함을 마술로 표현했다 뿐이지요. 그런데도 계속 이 마술을 사기라고 하시겠습니까?

아닙니다. 사기가 아니라 과학 맞습니다. 그럼 됐지요, 피즈 변호사?

네, 됐습니다.

휴! 이걸로 오늘 재판을 마치겠습니다.

재판 후, 김신비 씨는 과학적 마술사로 명성을 떨치게 되었다. 그럼 김신비 씨를 고소한 다른 마술사들은 어떻게 되었느냐고? 김신비 씨를 마치 천하의 나쁜 놈으로 몰던 다른 마술사들은 하나둘씩 김신비 씨에게 몰래 연락을 취하기 시작했다.

"저, 마술을 좀 배우고 싶은데요."

 전해질

"실은 처음 보자마자 당신을 존경하게 되었습니다. 다른 마술사들이 자꾸 사기라고 하는 바람에 잠시 그쪽 편에 서긴 했지만, 원래 팬이었어요."

결국 김신비 씨는 과학적 마술을 알리기 위해 다른 마술사들을 모아 놓고 마술 특강을 열었다. 거기에 모인 마술사들은 대부분이 김신비 씨를 고소했던 마술사들이었다. 그들은 서로 상대방을 보고 놀라는 기색들이 역력했다.

"김신비 씨가 이상한 사람이라며?"

"넌 마술 세계에서 없어져야 한다고까지 말했잖아."

"와, 치사하게 여기 와 있냐? 뭘 배우려고?"

"너야말로, 넌 여기 왜 있는데?"

순간 마술 특강 장소는 난장판이 되어 버렸다. 보다 못한 김신비 씨는 새로운 마술을 보여 주겠다며 장내를 조용히 시켰다.

"여러분, 놀라운 마술을 보여 드릴 겁니다. 일단 눈을 감으시고 양옆에 있는 사람의 손을 꼭 잡으세요. 그리고 '사랑한다, 사랑한다!' 백 번만 되뇌세요. 이 마술은 여러분들의 마음속에 있는 다른 사람에 대한 미움을 사그라지게 하는 마술입니다."

광전카

광전 전기 자동차의 원리는 무엇일까요?

과학공화국의 최대 자동차 회사인 씽씽카는 국내에서 자동차 판매량에 있어 부동의 1위를 5년째 차지하고 있다. 하지만 최근 들어 새로운 스포츠카 시장에 밀려 약간 주춤하고 있었다.

"김 대리, 이번에도 다행히 우리 씽씽카가 1위를 차지했지만, 이렇게 자꾸 스포츠카의 인기가 확산되면 우리 회사의 부동의 1위 자리도 점점 힘들어질지 모른다고."

"그래서 신제품 개발을 서두르고 있습니다."

"어떤 신제품 말인가?"

"빛을 쪼이면 차가 움직이는 원리로 광전 전기 자동차를 만들어 보려고 하는데요."

"광전 전기 자동차?"

"네, 빛을 쪼여 전류가 흐르게 하는 것을 광전 효과라고 하지요. 그 효과를 이용해 기름 값이 덜 드는 차를 만드는 겁니다."

"오호! 그거 좋은 생각이구먼. 빨리 진행해 보도록 하게."

마침내 씽씽카 회사는 광전 전기 자동차를 신제품으로 출시하게 되었다. 사람들의 폭발적인 반응을 유도하기 위해 '더 이상 기름은 필요 없다'는 문구로 광고 전략을 세워 판매를 시작했다. 역시 예상대로였다. 사람들은 계속해서 오르는 기름 값에 부담을 느끼고 있었다. 아예 기름이 필요 없는 차라면, 비록 차 값이 조금 비싸더라도 광전 전기 자동차를 사는 게 낫다는 여론이 형성된 것이다.

그렇게 일주일 사이에 엄청난 양의 광전 전기 자동차가 판매되어 씽씽카 회사 측은 완전히 축제 분위기였다.

"부동의 1위를 6년째 차지하겠는걸."

"역시 자동차는 씽씽카야."

그러나 그 기쁨도 잠시였다. 갑자기 회사 곳곳에서 전화벨이 울리기 시작했다. 또 주문 전화인가 보다, 하며 기쁘게 전화를 받던 사원들의 표정이 하나둘 어두워지기 시작했다.

"씽씽카 그렇게 안 봤는데, 이렇게 사기를 쳐요."

"네? 무슨 말씀인지?"

"새 차가 왜 움직이지 않느냐고요. 불량품을 판 거 아니에요?"

"아, 죄송합니다. 다른 차로 바꿔서 보내 드리도록 하지요."

"근데 불량 차가 너무 많은 거 아니에요? 이번에 씽씽카에서 새로 출시된 차를 산 친구들이 모두 자기 차가 불량이라며, 움직이지 않는다고 하던데."

"그럴 리가요. 여하튼 다 바꿔 드리겠습니다."

그렇게 불량품 항의 전화가 이어졌다. 그러나 다른 차량으로 바꿔 주어도 마찬가지였다. 차는 달리기는커녕 꿈쩍도 하지 않고 서 있기만 했다. 소비자들의 화가 하늘을 찌를 듯했다. 씽씽카 회사 측에서 자신들을 우롱한다고 생각한 것이다. 결국 화가 난 소비자들은 씽씽카 회사를 물리법정에 고소하였다.

광전 효과란 물질의 표면에 빛을 쪼여 주면
전류가 흐르게 되는 것을 말하며,
진동수가 크면 빛이 가진 에너지 또한 증가합니다.

광전 전기 자동차를 만드는 것이 가능할까요?
물리법정에서 알아봅시다.

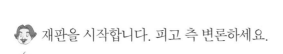

 재판을 시작합니다. 피고 측 변론하세요.

일단 씽씽카 회사 측에서는 소비자들에게
문제가 되는 제품이 간 것에 대해 진심으로
사과하고 있습니다. 고의로 불량품을 판매한 것이 아니라, 분명 회사 실험실에서 차량을 운전 시험해 보고 검증된 것만 소비자들에게 판매하였습니다. 그런데 실험실에서 운행되던 차도 이상하게 소비자들에게만 가면 운행이 안 된다는 겁니다. 씽씽카 회사 측에서도 최선을 다해 원인을 찾고 있으니, 너그럽게 이해해 주시면 고맙겠습니다.

실험 운행에서 문제가 없는 차만을 판매하고 있다고요?

네, 그렇습니다. 그러니 귀신이 곡할 노릇이지요. 분명 실험실에서는 잘 움직였는데 말입니다.

그거 참 이상한 일이군요. 그럼 실험실 환경이 혹시 어떤지 아십니까?

알다마다요. 변호사의 기본은 철저한 사전 조사 아니겠습니까? 뜨거운 열을 내뿜는 전구 때문에 무척 밝은 곳이지요.

으흠, 그게 이유였군요.

그게 이유라니요?

저도 씽씽카에서 차를 샀는데 차가 움직이지 않기에 전화를 걸어 물어보았지요. 그랬더니 분명히 움직인다는 겁니다. 그래서 이 차종이 뭐냐고 물었더니, 광전 전기 자동차라는 것이 아니겠습니까. 그제야 왜 움직이지 않았는지 이해했지요.

아니, 그러니까 빙빙 돌려서 말하지 말고 시원하게 얘기해 보세요. 대체 그 이유가 뭐란 말입니까?

광전 효과가 무엇입니까? 빛을 쪼여 전류를 흐르게 하는 것이지요. 그렇게 흐른 전류로 전기 에너지를 얻어 차를 움직이는 겁니다. 그런데 빛은 빨강에서 보라로 갈수록 진동수가 커집니다. 진동수가 커지면 빛이 가진 에너지도 증가하고요. 그러니까 광전 효과는 에너지가 큰 보라색 빛이나 자외선 등을 쪼여 주면 잘 일어나지요.

그야 그렇지요.

이 차의 원리도 마찬가지입니다. 가장 중요한 것은 빛을 쪼여야 하는 것입니다. 그러나 저희 도시는 어떻습니까? 다른 도시에 비해 비가 많이 오는 편이지요. 그리고 광전 전기 자동차가 출시된 이후로 날씨가 맑았던 적이 있습니까?

그렇군요. 그럼 빛을 받지 못한 차는 당연히 전류가 흐르지 않으니, 차를 움직일 에너지가 없었겠군요.

그렇습니다. 흐린 날씨나 비가 올 때는 광전 효과가 당연히

잘 일어나지 않겠지요.

그렇다면 광전 전기 자동차 같은 경우에는 과학공화국 남단에 있는 아파리카 같은 적도 지방의 사막처럼 햇볕이 쨍쨍 내리쬐는 곳이라야 잘 움직이겠군요.

 광전 효과

1887년 헤르츠가 맥스웰의 빛의 전자파 이론을 증명하는 실험을 하는 중에 발견되었으며, 금속 표면에 파장이 짧은 전자기파를 쬐일 경우 전자가 튀어나오는 현상을 말한다.

바로 그겁니다. 이야! 수없이 많은 재판을 하면서 오늘처럼 물치 변호사와 호흡이 척척 맞은 적도 처음인 것 같군요.

하하, 그런가요? 그렇다면 이 도시에서는 광전 전기 자동차를 아예 팔지 말아야겠군요.

아닙니다. 이 도시에서 팔 수 있는 방법이 있지요. 광전카에다가 광전 효과를 이용하는 엔진과 기존의 기름을 이용하는 엔진 두 개를 모두 설치하면 되지요.

이야, 그런 방법이 있었군요. 씽씽카 회사 측에 알려 주면 무척 기뻐하겠는걸요. 정말 오늘 따라 똑똑하십니다.

뭐 별 말씀을. 다 물치 변호사 덕분이지요.

아닙니다. 역시 피즈 변호사님이시군요.

음음! 두 변호사 모두 변론이 끝나신 건가요?

네, 그렇습니다. 이번 판결은 들어볼 필요도 없겠군요. 해답을 간단히 얻었으니.

어허! 물치 변호사, 지금 나의 권위에 도전하는 거요?

아, 아닙니다. 판결하시지요.

판결은 끝났습니다. 이러한 발명들이 지구인들에게 얼마나 큰 기쁨을 줄 것인지 생각해 보시기 바랍니다.

재판 후, 씽씽카의 광전 전기 자동차들이 모두 수리에 들어갔고, 기름 값을 줄일 수 있는 광전 전기 자동차의 인기는 사그라질 줄을 몰랐다. 그래서 역시나 올해도 씽씽카는 6년째 부동의 1위 자리를 차지하게 되었다. 게다가 씽씽카 회장의 감사 연설 때에는 깜짝 발표까지 이어졌다.

"감사드립니다. 여러분들의 씽씽카에 대한 아낌없는 사랑에 보답하는 회사가 되도록 더욱 노력하겠습니다. 그리고 멋진 재판을 보여 주신 물치 변호사님과 피즈 변호사님을 저희 회사 고문으로 모시게 되었음을 여러분께 알려 드리는 바입니다."

서로 아웅다웅하던 물치 변호사와 피즈 변호사가 동시에 한 회사의 고문이 되다니! 전혀 친구가 되지 못할 것 같던 두 사람이었기에 놀라운 발표가 아닐 수 없었다.

전동기와 발전기

전동기를 이용해 어떻게 전구에 불을 밝힐 수 있을까요?

과학공화국 분시리아 대학의 전기과에는 떼려야

뗄 수 없는 단짝 김우뎅 씨와 정만도 씨가 있었다.

둘은 어릴 때부터 절친한 친구 사이로, 뭐든지 함

께 해 나가면 무서울 것이 없는, 그런 사이였다. 그러던 중 김우뎅

씨가 여자 친구를 사귀게 되었다. 김우뎅 씨는 늘 뭐든지 함께 하

던 정만도 씨를 제대로 챙기지 못하는 것이 너무나 미안했다. 그래

서 여자 친구에게 부탁해서 정만도 씨에게도 여자 친구를 소개시

켜 주기로 결심했다.

정만도 씨 역시 새로운 여자 친구를 소개 받는다는 사실에 설레

었다. 그래서 옷도 사고, 미용실에 가서 머리도 다듬었다.

이번 소개팅은 O · X 팅이었다. 요즘 대학생들에게 유행하고 있는 소개팅으로, 소개팅을 마친 후 서로 주선자에게 자신의 번호를 알려 준다. 그리고 주선자에게 상대방의 번호를 물어서 한 시간 안에 연락을 하면 O, 연락을 하지 않으면 X가 되는 것이다. 서로 왜 O를 했는지 X를 했는지 이유도 말하지 않은 채 깔끔하게 정리될 수 있기 때문에 대학생들 사이에서는 이미 일반화된 소개팅 방법이었다.

김우뎅 씨는 이번 소개팅의 주선자로서 막중한 임무를 띠고 있었다. 둘의 전화번호를 소개팅 전에 미리 수첩에 적어 놓고, 소개팅이 끝난 후 한 시간 안에 서로에게 연락이 오면 알려 주려고 했다.

소개팅이 잘 되어 가는 중이라는 정만도 씨의 문자에 김우뎅 씨도 한시름 놓고 있었다. 그런데 한창 정만도 씨와 문자를 주고받는데 전화벨이 울렸다.

"김우뎅 군, 전기과 교수 정아사일세. 오늘 실험실에 와서 잠깐 전기 공작하는 것을 도와주었으면 하는데. 급한 일이라, 지금 와 줄 수 있겠나?"

담당 교수님이 친히 전화를 하신 거라 거절할 수가 없었다. 그래서 김우뎅 씨는 바로 전기 공작과 실험실로 갔다. 전기 공작과 실험실에 들어갈 때는 휴대전화를 들고 들어갈 수 없었기 때문에 김우뎅 씨는 정만도 씨에게 문자를 보냈다.

'교수님 호출로 실험실 들어감. 혹시 파트너가 마음에 들면 조교

선생님을 통해 나에게 메시지 남길 것. 지금 폰 못 들고 들어가니 나와서 연락하겠음.'

교수님은 작업실 안에 있는 전기 공작 작품들을 손봐 달라고 부탁했다. 혼자서 낑낑거리며 열심히 작품들을 손보고 있는데, 조교 선생님이 문을 똑똑 두드리고 들어왔다.

"김우뎅 군, 정만도 군에게 연락이 왔는데 말하면 알 거라면서 여자 번호를 좀 알려 달라고 하던데."

"아, 정말요? 그럼 알려 줘야지. 크크! 오늘 만도가 소개팅을 했거든요. 근데…… 아아…… 이거 왜 이래요?"

수첩을 꺼내려는 순간, 이게 웬일인가. 갑자기 불이 꺼져 버렸다.

"조교 선생님, 어디 계세요?"

"난 여기 있어. 걱정 마. 아이쿠, 이놈의 정전. 지겨워 죽겠어. 요즘 자꾸 정전이네."

"이런, 조교 선생님 어떡해요. 빨리 만도한테 전화번호 알려 줘야 하는데. 뭐 밝은 것 좀 없어요? 수첩이 보여야 알려 주지. 아이쿠, 큰일 났네."

"아휴, 나도 해야 할 일이 산더미 같은데. 이 일을 어쩌나."

그렇게 잠깐만 정전일 것 같더니, 정전은 두 시간이나 계속되었다. 드디어 두 시간 후 불이 켜지고, 어둠 속에서 깜빡 잠이 들었던 김우뎅 씨는 정만도 씨가 생각났다.

"이 일을 어째. 조교 선생님, 아까 맡긴 제 폰 어디 있어요?"

"선생님 방에 있지. 얼른 불 켜졌을 때 일이라도 좀 해 놔야지. 이거 참!"

김우뎅 씨는 급하게 정만도 씨에게 전화를 걸었다.

"만도야, 사실은 있지. 정전이 됐었어."

"됐어. 그럼 그렇지. 내 팔자에 무슨 여자 친구냐. 됐어. 난 또 나에게도 해 뜰 날이 오는구나, 했어."

"아냐. 정말 전화번호를 알려 주려고 수첩을 찾고 있는데 불이 꺼지는 바람에."

"그거 의도적인 거 아냐? 전기 공학실에서 빛을 만들려고 마음만 먹으면 충분히 만들 수 있는 거 아니냐고?"

"너 지금 맘 상한 거냐?"

"그걸 말이라고 해? 한 시간 안에 네가 전화번호만 알려 줬어도 소개팅이 이렇게 끝나진 않았지. 내가 찾던, 완전 이상형이었는데. 너 인생 그렇게 살지 마라."

"야! 정만도!"

"그렇게 이름 부르면 무서워할 줄 알고? 넌 용서가 안 돼. 고소할 거야. 고의적으로 나에게 전화번호를 안 가르쳐 준 죄로."

"아니! 야, 만도야."

뚝뚝……. 정만도 씨는 화가 나서 전화를 확 끊어 버렸다. 그런데 정말 김우뎅 씨 앞으로 소환장이 날아들었다. 농담인 줄 알았는데, 정말 정만도 씨가 김우뎅 씨를 물리법정에 고소한 것이다.

전동기와 발전기의 구조는 근본적으로 같습니다.
둘 다 자석 사이에 코일이 들어 있어 전지에 연결한 후 돌리면
전기가 만들어집니다.

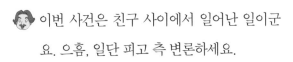

전동기와 발전기의 원리는 무엇일까요?
물리법정에서 알아봅시다.

이번 사건은 친구 사이에서 일어난 일이군요. 으흠, 일단 피고 측 변론하세요.

아니, 김우뎅 씨가 무슨 잘못이라고 지금 고소를 한 겁니까? 김우뎅 씨는 정만도 씨가 진정으로 여자 친구 사귀기를 바라는 마음에 소개팅을 주선한 것인데, 친구의 이런 배려도 모르고 고소라니요. 그리고 물론 김우뎅 씨가 정만도 씨에게 소개팅한 상대방의 전화번호를 알려 주지 않았지만, 그건 안 한 게 아니라 못한 거지요. 하필 그때 정전이 될 줄 누가 알았겠습니까? 분명 김우뎅 씨는 최선을 다해 어떻게든 알려 주려 했지만, 정전이 되는 바람에 전혀 앞이 보이지 않아 전화번호를 알려 줄 수가 없었습니다. 물론 정만도 씨가 꿈에 그리던 이상형을 만났는데 잘 되지 못한 것은 애석한 일이 아닐 수 없습니다. 하지만 그것은 김우뎅 씨의 잘못이 아니지요.

일리 있는 말이오. 그럼 원고 측 변론하세요.

과연 물치 변호사 말대로일까요? 저는 이번 사건의 피고인 전기과 김우뎅 씨를 증인으로 요청하는 바입니다.

순간 김우뎅 씨의 표정이 경직되면서 정적이 흘렀다.

🗣️ 저, 저요? 저를 증인으로 요청하신다고요?

👩 네, 그렇습니다.

🗣️ 저는 고소를 당한 사람입니다. 그런 저를 증인으로 요청하신다고요?

👩 그래요. 일단 증인석에 앉으세요.

김우뎅 씨는 의아한 표정으로 증인석에 앉았다. 맞은편 원고의 자리에 앉아 있는 정만도 씨에게 서운한지 얼굴을 씰룩거렸다.

👩 원고가 소개팅을 하고 있던 그 시각, 피고는 무엇을 하고 있었죠?

🗣️ 저는 담당 교수님이 부르셔서 전기 공작실에서 작업을 하고 있었습니다.

👩 전기 공작실은 무엇을 하는 곳이지요?

🗣️ 전기 공작실은 여러 가지 전기 관련 공작들을 하는 곳입니다.

👩 그럼 그곳에 들어갈 때는 휴대전화를 가지고 들어갈 수 없나요?

🗣️ 네, 저희 전기 공작실의 특성상 휴대전화 사용이 금지되어 있습니다.

그럼 정전이 되었을 때가 전화번호 수첩을 펼치는 순간이었고요?

네, 그렇습니다.

우리 피고를 심문하듯이 다루지 말아 주십시오.

그런 적은 없지만, 뭐, 그렇게 보였다면 정중히 사과드리죠. 그럼 김우뎅 씨가 작업하고 있던 책상 위에는 무엇이 있었습니까? 생각나시는 대로 말씀해 주시죠.

제 책상 위에는 전선이 연결된 꼬마전구와, 전동기, 그리고 다른 여러 가지 스위치들이 놓여 있었습니다.

아니, 잠깐만요. 책상에 전선이 연결된 꼬마전구와 전동기가 있었는데도 불구하고 불을 켤 수 없었다고요?

네, 그럴 수밖에요. 전지가 없는데 꼬마전구에 아무리 전선이 연결되어 있다 해도, 불을 켤 방법이 없지 않습니까?

아니지요, 김우뎅 씨. 당신은 전기과 학생이 아닙니까? 그럼 당연히 전선이 연결된 꼬마전구와 전동기만으로도 불을 켤 수 있다는 걸 알고 계셨어야죠.

네? 어떻게 불을 켠단 말입니까?

전동기와 발전기의 구조는 똑같습니다. 둘 다 자석 사이에 코일이 들어 있는 구조지요. 이때 코일을 전지에 연결해서 회전시키게 되면 전동기는 바로 코일이 회전하는 모터가 되는 것이고, 반대로 코일을 돌리면 전기가 만들어지는 것입니다.

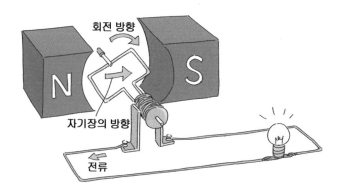

아, 그렇군요. 전구를 전동기에 연결해서 빙글빙글 돌렸더라면 분명 전구에 불이 들어오게 할 수 있었을 텐데……. 미처 그 생각을 하지 못했네요. 자전거 페달을 밟으면 자전거 앞에 있는 안전등이 켜지는 것과 같은 원리인데, 그것을 미처 생각해 내지 못하다니.

이제 김우뎅 씨가 정만도 씨에게 얼마나 잘못을 했는지 아시겠습니까?

네, 안 그래도 미안해하고 있습니다. 제가 얼마나 아끼는 친구인데, 설마 일부러 그랬겠습니까?

전동기와 발전기에 그런 공통점이 있다는 것은 처음 알았습니다. 아무튼 많이 배우고, 배운 것을 생활 속에서 자주 써 먹어야 한다는 것이 오늘 재판의 교훈입니다.

재판 후, 김우뎅 씨와 정만도 씨는 더욱 각별한 사이가 되었다.

전동기와 발전기

전동기와 발전기의 구조는 거의 비슷하며, 영구자석과 코일로 이루어져 있다. 전동기는 전기 에너지를 역학적 에너지로 바꾸는 장치이며, 발전기는 역학적 에너지를 전기 에너지로 바꾸는 장치이다.

서로의 진심을 알았기 때문이었다. 김우뎅 씨는 더욱 많은 친구들과 정만도 씨를 연결해 주려 노력했고, 정만도 씨 역시 그런 김우뎅 씨가 고마웠다.

그렇게 몇 번의 소개팅을 하고 나서였다. 우연히 집에 가는 버스에서 정만도 씨는 지난번에 소개팅에서 만났던 꿈에 그리던 그녀를 다시 만나게 되었다. 정만도 씨는 뛰는 가슴을 억누르지 못했다.

"오랜만이네. 정말 보고 싶었는데."

"보고 싶으면 전화를 했어야지. 주선자에게 전화번호 물어보는 센스 몰라?"

"그게 아니라, 사정이 있었어. 근데 정말 네가 좋은가 보다. 네 생각만 나더라."

"좋아. 그럼, 고백해 봐."

"뭐?"

"내 생각만 나더라며? 사귀자는 말 아니야? 그러니까 고백해야지."

"정말? 사랑해, 사랑해. 당신만을 사랑해. 나랑 사귀어 줄래?"

정만도 씨는 사람들이 많은 만원 버스에서도 능청스럽게 닭살스런 말을 잘도 내뱉었다. 그녀도 그런 그가 싫지 않았는지 흔쾌히 고개를 끄덕였다. 그렇게 둘은 사귀게 되었고, 정만도 씨와 김우뎅

씨 역시 서로 연애를 하는 바쁜 와중에도 일주일에 한 번씩은 만나
서 서로의 마음을 터놓곤 하였다.

건전지 마을

전지로 전구의 불을 오래 밝히려면?

과학공화국에서는 아직 개발되지 않은 땅을 중심으로 새로운 마을이 만들어졌다. 그린빌이라는 마을 역시 정부의 계획 하에 의도적으로 만들어지는 곳이었다. 이렇듯 새롭게 만들어지는 마을이다 보니, 정부는 의도적으로 사람들이 그린빌에 살도록 장려했다. 그러나 정부가 약속했던 대로 자연경관이 멋지고 살기 좋은 도시이긴 했으나, 아직도 전기 공사가 덜 되는 바람에 그곳으로 이사 온 사람들은 밤이 되어도 전구를 켤 수 없는 불편함을 겪어야 했다.

"그린빌이 좋긴 한데 밤에 전구를 켤 수 없으니, 밤만 되면 죽은 마을처럼 보여서 싫어."

"그건 그래. 이렇게 자꾸 전기 공사가 지연되면 다시 그린빌을 떠날 수밖에 없지."

정부에서는 주민들의 불평을 듣고만 있을 수는 없었다. 어렵게 사람들을 장려해서 그린빌로 이사시켜 놓았는데, 그 사람들이 다시 그린빌을 떠난다고 하면, 마을 조성 계획은 모두 물거품이 되는 것이다.

"무슨 좋은 아이디어가 없겠소? 주민들이 불편해하니 마냥 지켜보고만 있을 수도 없고."

"그럼, 일단 임시방편으로 전기 회사에 부탁해서 건전지를 이용해 전구를 켜는 방법을 쓰도록 하죠."

결국 건전지 값이 많이 들기는 하지만 주민들의 불편을 덜어 주기 위해, 건전지를 이용하여 전구를 켜기로 했다.

전구에 불이 들어오자 주민들은 무척 기뻐하였다. 칠흑 같은 어둠 속에서 드디어 벗어나게 된 것이다.

정부는 전기 회사에 건전지 다섯 개를 주면서 오랫동안 전구에 불이 켜질 수 있도록 부탁한다고 했다.

그러나 이게 웬일인가? 건전지를 다섯 개나 연결했음에도 불구하고, 3일이 채 지나지 않아 다시 전구의 불이 꺼진 것이다. 그에 따라 그린빌 주민들의 원성도 잦아졌다. 밝아졌다고 좋아했었는데, 3일도 지나지 않아 다시 전기 공급이 끊긴 것이다.

정부는 전기 회사에 분명 다섯 개의 건전지를 주었다. 그런데 이렇게 빨리 전기가 끊긴다는 건 말이 안 되는 일이었다. 보통 한 개의 건전지로 3일 정도는 충분히 불을 켤 수 있었기 때문이다. 정부는 전기 회사 측에서 분명 자신들의 이익을 위해 나머지 네 개를 연결하지 않았다고 생각했다. 그래서 정부는 전기 회사를 물리법정에 고소하였다.

같은 수의 건전지를 전구에 직렬로 연결하면
병렬로 연결했을 때보다 전구의 밝기는 향상되지만
수명은 짧아지게 됩니다.

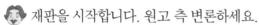

전지의 직렬 연결과 병렬 연결의 차이는
무엇일까요?
물리법정에서 알아봅시다.

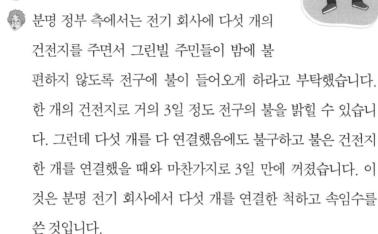

재판을 시작합니다. 원고 측 변론하세요.

분명 정부 측에서는 전기 회사에 다섯 개의
건전지를 주면서 그린빌 주민들이 밤에 불
편하지 않도록 전구에 불이 들어오게 하라고 부탁했습니다.
한 개의 건전지로 거의 3일 정도 전구의 불을 밝힐 수 있습니
다. 그런데 다섯 개를 다 연결했음에도 불구하고 불은 건전지
한 개를 연결했을 때와 마찬가지로 3일 만에 꺼졌습니다. 이
것은 분명 전기 회사에서 다섯 개를 연결한 척하고 속임수를
쓴 것입니다.

전기 회사 측에서 그런 속임수를 쓸 줄이야!

판사님, 그게 아닙니다. 속임수라니요. 분명 오해가 있는 겁
니다. 저는 이 자리에서, 그날 전기 회사에서 건전지 다섯 개
를 받아 전구에 연결한 과학공화국 전력 직원 김어리 씨를 증
인으로 요청하는 바입니다.

김어리 씨는 30대 중반의 남자로, 비뚤게 맨 넥타이와 헐레벌떡
뛰어오는 모습에서 왠지 어리벙벙한 느낌이 풀풀 나는 남자였다.

증인, 직업이 뭐죠?

네, 저는 미세치에서 태어났습니다.

직업이 뭐냐고 물었는데요?

아, 직업요. 직업! 내가 무슨 직업이더라. 아, 그렇지요. 저는 전력팀에 있습니다.

과학공화국 전력팀 김어리 군 맞지요?

네. 맞긴 맞는데, 사람들은 어리라고 안 부르고 자꾸 어리버리라고 부르더군요.

왜 그런지 이유를 알겠습니다.

네? 이유를 대라고요? 저도 모르는데 그건.

음! 우선 몇 가지 질문에 대답해 주시기 바랍니다. 김어리 군은 며칠 전 전구에 불을 밝히기 위해 그린빌 마을에 갔었지요?

그린빌 마을에요? 간 것 같기도 하고, 안 간 것 같기도 한데. 뭐, 여하튼 과장님이 제게 건전지 다섯 개를 주며 어떤 마을에 가서 연결하고 오라고 하긴 했었지요.

네, 그래요. 그 마을이 바로 그. 린. 빌. 이라고요.

아, 그렇군요. 역시 변호사님이라 똑똑하시네요.

여하튼 그때 분명히 건전지를 잘 연결하고 오신 거 맞지요?

그럼요. 늘 연습했던 대로, 건전지 다섯 개를 직렬로 연결했더니 불이 어찌나 환하게 켜지던지.

그럼 증인은 지금 건전지 다섯 개를 직렬로 연결했다는 말입니까?

제가 바보입니까? 그걸 병렬로 연결하게.

이봐요. 김어리 씨. 건전지 다섯 개로 15일 동안 버티기 위해서는 당연히 병렬로 연결해야지요.

직렬로 연결하나 병렬로 연결하나 무슨 차이가 있다고 그러세요.

큰 차이가 있지요. 건전지를 직렬로 다섯 개 연결했을 때, 전구의 밝기는 다섯 배로 향상되지만 수명은 건전지 한 개일 때와 같다고요. 그러므로 건전지 다섯 개로 15일 동안 버티려면 당연히 병렬로 연결했어야지요.

뭐, 주민들이 밝게 생활하는 것도 나쁘지는 않지요.

자신을 나름대로 변호하는 김어리 씨의 모습을 보고 주위 사람들은 웃음보를 터트렸다.

제가 맡았던 증인 중에 가장 힘든 증인이군요. 어쨌든 이번 사건은 전기 회사 측에서 고의적으로 중간에 건전지를 가로챈 것이 아니라, 어리벙벙한 과학공화국 전력팀 김어리 씨의 착오로 벌어진 일이라고 생각합니다. 그러므로 전기 회사에는 아무 잘못이 없다는 것이 본 변호사가 주장하는 바입니다.

판결하겠습니다. 화끈하게 밝게 사느냐, 아니면 조금 어둡더라도 오래 사용하느냐 하는 문제였군요. 그것은 건전지의 연결 방식과 관계가 있고요. 아무튼 전력팀은 주민들이 좀 더 오랫동안 전기를 사용할 수 있도록 건전지를 연결해 줘야 할 책임이 있으므로, 이번 사건의 책임은 전기 회사가 질 것을 권합니다.

화장실과 백열등

화장실에선 왜 백열등을 켜야 할까요?

과학공화국에 있는 카인드 회사는 사원들의 복지
에 있어서 거의 세계 최정상급이라 볼 수 있다. 그
래서 카인드 회사의 경영 방침을 배우기 위해 많은
사람들이 찾아오곤 했다.

카인드 회사는 사원들에게 다양한 복지 혜택을 주고 있었는데,
특히 사원들이 무언이든 건의만 했다 하면 업무 능력을 향상시키
기 위해 무조건적으로 받아들여졌다.

"정해진 시간에 출근하고 퇴근하는 건 되레 창의력을 떨어뜨려
요. 자유롭게 출퇴근할 수 있게 해 주세요."

"좋소. 그럼 일주일에 40시간 일하는 것을 원칙으로 하되 자유롭게 출퇴근하도록 하시오."

"아이들이 있을 경우 회사에서 보내는 시간 동안 아이들 걱정으로 일의 업무 능력이 떨어져요."

"좋아요. 그럼 놀이방을 회사 옆에 따로 만들도록 하지요. 무상으로 아이들을 놀이방에 맡길 수 있도록 하겠소."

"먹고 싶은 게 있을 때마다 회사 밖에 나가서 음식을 사 오려고 하면, 일의 흐름이 끊어질 때가 많아요."

"그렇다면 구내매점을 만들도록 하지요. 가까이에서 음식을 구매할 수 있도록 말이오."

카인드 회사는 날로 번창해 나갔다. 사원들의 요구를 적극적으로 수용하자, 사원들 역시 일의 능률도가 엄청나게 높아진 것이다. 그러던 중 신입사원 김묵직 씨가 또 한 가지 제안을 했다.

"사장님, 저는 변비가 심해서 화장실에 오래 앉아 있어야 합니다. 요즘 현대인에게 가장 무시할 수 없는 질병이 변비지요. 어릴 때부터 변비가 심해서 한 번 화장실에 가면 기본이 한 시간입니다. 그런 사람들을 배려한 화장실을 만들어 주셨으면 합니다."

"아, 그렇군요. 좋습니다. 그럼 2층 화장실을 변비 있는 사람들을 위한 화장실로 새롭게 꾸며 보도록 하지요."

카인드 회사는 쉽게 김묵직 씨의 요구를 들어주기로 했다. 하지만 워낙 업무가 많고 바쁜 회사라, 카인드 회사 자체 내에서 변비가 있는 사람들을 위한 화장실을 만들기가 쉽지 않았다. 결국 카인드 회사는 다른 계열사에 있는 롤롤 회사에 화장실 개조를 부탁했고, 롤롤 회사는 곧 세심한 부분까지 신경을 쓰며 화장실 개조 사업에 뛰어들었다.

드디어 2층에 새롭게 꾸민 화장실이 공개되었다. 누군가 똥을 누고 있는데 밖에서 똑똑 두드리면 흐름을 방해받을 수 있으니, 사람이 안에 있으면 문이 검은색에서 노란색으로 바뀌게 함으로써 두드리지 않아도 알 수 있도록 하였다. 게다가 변비가 있는 사람들을 위해 항문을 자극하지 않도록 모든 변기에 비데를 설치하였고, 장마사지기까지 구비해 놓는 치밀함을 보였다. 모두들 감탄을 금하지 못했다. 김묵직 씨도 무척 마음에 들어 하였다.

그런데 며칠 지나지 않아 김묵직 씨가 다시 사장실을 찾아왔다.

"아니, 사장님. 이럴 수 있는 겁니까? 롤롤 회사는 마치 변비인을 배려한 척했지만 그게 아니었습니다."

"그게 무슨 말입니까?"

"화장실에 오래 앉아 있게 되면 전구가 점점 뜨거워집니다. 그래서 지금 땀띠 때문에 제가 하는 고생은 이루 말할 수가 없습니다. 이게 세계 최정상의 복지를 자랑한다는 카인드 회사의 변비인을 위한 화장실이란 말입니까?"

카인드 회사 사장은 당황했다. 분명 롤롤 회사에 각별히 부탁한 상황이었다. 정말 변비가 심한 사람들을 배려하는 화장실을 만들어 보자고. 롤롤 회사는 그런 화장실을 만들어 놓겠다고 확신하였다. 그런데 김묵직 씨의 말을 들어 보니, 롤롤 회사의 노력이 부족했다는 생각이 들었다. 자기 회사 복지에 오점을 남겼다는 생각이 들었다. 그래서 카인드 회사는 롤롤 회사를 물리법정에 고소하게 되었다.

백열등에 전류가 흐르면 안에 있는 필라멘트의
자체 저항이 커지면서 많은 열이 발생합니다.

형광등과 백열등에는 어떤 차이가 있을까요?
물리법정에서 알아봅시다.

 피고 측 변론하세요.

 롤롤 회사는 화장실 관련 설비에 있어서는 최고를 자랑하는 기업입니다. 변비가 심한 사람들을 위해서 가장 먼저 비데를 고안했을 뿐만 아니라, 다양한 시스템으로 고객들의 만족도를 높이기 위해 노력해 왔지요.

지금 카인드 회사는 말도 안 되는 억지를 부리고 있습니다. 롤롤 회사가 최선을 다해서 만들어 준 화장실에 불만을 표시하다니요. 화장실에 오래 앉아 있어서 땀띠가 났다는 김묵직 씨의 말만 듣고 롤롤 회사의 설비에 잘못이 있다고 추궁하는 것은 말이 안 됩니다. 김묵직 씨는 원래 땀이 많은 사람일 수도 있습니다. 그래서 하필 지금 땀띠가 난 것뿐이지요. 원체 땀을 많이 흘리다 보니 생긴 것입니다. 제가 직접 카인드 회사의 화장실에 가 보았는데 전혀 흠잡을 데가 없었습니다.

좋습니다. 그럼 원고 측 변론하세요.

김묵직 씨가 괜히 트집을 잡는 것이 아닙니다. 정말 김묵직 씨는 땀띠로 엄청나게 고생을 하고 있었습니다.

그건 화장실과 아무 관련이 없단 말입니다. 화장실에서 열이 나오는 물체가 어디 있다고 자꾸 화장실에 덤터기를 씌운단 말입니까.

과연 그럴까요? 전구 관련 동호회 불꽃 여자 서빛나 씨를 증인으로 요청합니다.

20대 후반의 젊은 여자가 짧은 치마를 입고서 뚜벅뚜벅 걸어 들어왔다. 그리고 한쪽 손에 든 가방에서는 마치 크리스마스트리를 연상시키는 반짝이는 전구들이 가방을 둘러싸고 있었다.

가방이 참 멋지시군요.

감사합니다. 불꽃 여자라는 호칭을 들을 정도라면, 반짝이는 불빛 몇 개쯤은 이렇게 붙이고 다녀야지요.

아, 그래서 불꽃 여자시군요.

네, 저희 동호회에서는 불꽃 여신이라고도 하더군요. 워낙 미모가 뛰어나서라나, 뭐라나. 호호!

아…… 아…… 예…….

근데 무슨 일이시죠?

그게 말이죠. 화장실에 혹시 열을 낼 만한 물질이 있는가 하고요. 화장실에 한 시간 이상 앉아 있었더니 땀띠가 났다는

분이 계셔서요.

호호! 화장실에 한 시간 이상 앉아 있는다고요? 변비시군요. 변비에는 '비켜그린'인데. 저도 그거 먹으면 똥이 바로 쭉쭉 나오거든요.

아. 서빛나 씨도 변비시군요. 예쁘신 분은 변비 같은 것도 없는 줄 알았는데.

그, 그게 아니라, 그러니까 지금 뭘 질문하시는 거예요? 저에게 작업 거시는 거예요?

아니, 제가 분명히 물었잖습니까? 화장실에 열을 낼 만한 물체가 있는가 하고요.

화장실에 있는 백열전구가 열을 내긴 하지요.

네? 에이, 백열전구는 열을 내는 게 아니라 빛을 내는 거지요.

모르시는 말씀! 백열전구는 전기 에너지를 다시 열과 빛 에너지로 바꾼단 말입니다.

에이, 그 정도 열이야.

지금 변비 있는 여자가 말한다고 무시하는 거예요? 내 참! 백열전구 안에는 필라멘트가 있는데, 시간이 지날수록 필라멘트의 저항이 커지기 때문에 많은열이 발생한다고요. 이렇게 열을 내면 그 온도에 해당되는 파장의 빛을 내지요. 온도가 낮으면 붉은 색깔의 빛을, 온도가 높으면 푸르스름한 빛을 내지요. 이 원리를 이용하여 필라멘트를 뜨겁게 만들어 빛을 내는 조명 기구가 바로 백열전구예요.

아, 그렇군요. 역시 불꽃 여신다운 모습이십니다.

암요, 그래서 저희 집 화장실 등은 모두 형광등이지요.

네?

형광등 밑에서는 오래 있어도 그리 뜨겁지 않거든요. 한 시간을 넘게 앉아 있어도 말이에요. 어머, 지금 내가 무슨 소릴 하는 거야.

아, 그러니까 차라리 백열전구보다 열 에너지가 덜 나오는 형광등을 달아야 한단 말씀이시군요.

암요, 암요. 제 말이 그 말입니다.

판사님, 지금 롤롤 회사 측에서는 변비를 위한 사람들을 위해 하나 배려하지 않은 것이 있습니다. 그게 바로 어떤 전구를 선택하느냐 하는 것이지요. 그런데도 지금 롤롤 회사가 최선을 다했다고 할 수 있을까요?

아니죠. 화장실이 얼마나 중요한 사색의 공간입니까? 본 판사는 원고 측 변호사의 의견에 전적으로 동감합니다. 뜨거운 열기 아래서 오래 앉아 있어야 한다는 것은 변비가 심한 사람을 두 번 죽이는 일이니까요. 아무튼 이번 사건의 책임은 롤롤 회사에 있다고 판결하는 바입니다.

재판 후, 롤롤 회사는 다시 카인드 회사의 화장실을 고쳐 주었

다. 변비를 겪는 사람들을 배려하여 모든 백열전구를 형광등으로 바꿔 단 것이다. 이번 일을 통해 롤롤 회사는 재정적으로 손실이 있었지만, 큰 인적 자원을 하나 얻게 되었다. 바로 서빛나 씨였다. 재판정에서 변비를 겪는 사람들의 고통을 대변한 그녀를 스카우트 했던 것이다. 서빛나 씨는 자신의 변비 생활을 바탕으로 화장실에 관련한 다양하고 혁신적인 제안들을 했다. 롤롤 회사는 그녀의 제안을 적극 받아들였고, 이제는 화장실 설비에 관해서만큼은 롤롤 회사를 뛰어넘을 회사가 없게 되었다.

전류가 바꾼 나침반

1820년 덴마크의 외르스테드는 전류가 주위의 자석에 힘을 작용하여 자석의 방향을 바꿀 수 있다는 사실을 발견했습니다. 이것은 외르스테드의 기적과 같은 발견입니다. 사실 외르스테드는 이것을 아주 우연히 발견했어요.

어느 날 코펜하겐 대학의 물리학과 교수인 외르스테드는 수업 시간에 도선에 건전지를 연결하면 전류가 흐른다는 것을 학생들에게 보여 주려고 했어요. 그런데 지난 시간에 수업했던 나침반이 도선 근처에 놓여 있었지요.

외르스테드는 이를 대수롭지 않게 여기고 도선에 전류를 흘려보냈어요. 그런데 놀라운 일이 벌어졌어요. 도선에 전류가 흐르는 순간 나침반의 자침이 다른 방향을 가리키는 것이었지요. 원래 나침반 자침의 N극이 항상 북쪽을 가리키는데 주위에 전류가 흐르면 자침의 N극이 가리키는 방향이 달라진다는 것이죠.

이것은 아주 중요한 발견이었어요. 왜냐하면 이것을 발견하기 전까지는 전기 현상과 자석에 의한 자기 현상은 아무 관계가 없는 것으로 생각했었기 때문이죠. 전류는 전기 현상이고 나침반은 자기 현상인데, 전류가 흐르는 곳 주위에서 자침의 방향이 바뀐다는 것은 전기 현상과 자기 현상이 서로 관계가 있다는 것을 뜻하니까요.

봐, 전선 위와 아래에 있는 나침반의 방향이 반대잖아.

어?

정말이네…

어째서?

전류가 흐르는 곳 주위에서 자침의 방향이 바뀌게 됩니다. 전류가 흐르는 방향으로 오른손의 엄지손가락을 향하게 하여 전선을 감싸면 오른손의 나머지 손가락이 향하는 방향이 해당 위치에서의 나침반 N극이 향하는 방향이 됩니다.

전자석의 발명

외르스테드의 발견은 전기가 자기를 만들어 낼 수 있다는 것을 의미했습니다. 일 년 뒤 프랑스의 아라고는 긴 쇠못에 도선을 감은 코일을 만들고 그것에 전지를 통해 전류를 흘려보냈어요. 그 순간 주위에 있던 철가루가 쇠못에 달라붙었습니다. 이것은 코일에 전류가 흐를 때 자석이 된다는 것을 뜻하는데 이것을 전자석이라고 부르지요. 그는 코일을 철심에 더 촘촘히 감아 주고 센 전류를 흘려 주면 강한 자석을 만들어 낼 수 있다는 것을 알았습니다. 그 후 아라고는 막대자석으로는 상상할 수도 없는 1톤짜리 쇠붙이를 전자석으로 들어 올리는 데 성공했답니다.

전자기 유도 법칙의 발견

1831년 패러데이는 그의 이름을 세상에 알리는 위대한 발견을 하게 됩니다. 그는 건전지가 연결되지 않은 회로에서 전선의 일부를 고리 모양으로 만들었습니다. 이 회로는 건전지가 없으므로 전류가 흐르지 않습니다. 그런데 그가 고리 안으로 자석을 가까이 가져다 대는 순간 회로에 전류가 흘렀습니다. 반대로 고리 안의 자석을 멀리하면 전류가 반대 방향으로 흘렀습니다. 패러데이는 고리에서의 자석의 움직임이 건전지가 없는 회로에 전기를 줄 수 있다는 것을 알아냈지요. 그는 이번에는 자석을 고정시키고 고리를 자석에 가까이 가져갔습니다. 그 경우도 역시 회로에 전기가 흘렀습니다.

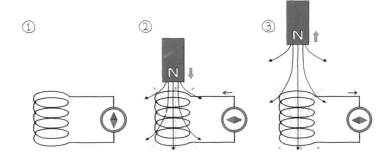

① 건전지가 연결되지 않은 회로에서 전선의 일부를 고리 모양으로 만들었습니다. 이 회로는 건전지가 없으므로 전류가 흐르지 않습니다.

② 고리 안으로 자석을 가까이 가져다 대는 순간 회로에 전류가 흘렀습니다.

③ 반대로 고리 안의 자석을 멀리하면 전류가 반대 방향으로 흘렀습니다.

패러데이는 고리 앞에 전자석을 고정시키고 스위치를 열어 전자석에 전류가 흐르지 않게 했습니다. 물론 이때는 회로에 전류가 흐르지 않았습니다. 패러데이가 스위치를 닫자 고리가 있는 회로에 전류가 흘렀습니다. 전자석에 전류가 흘러 자석이 되었기 때문입니다. 이 경우를 보면 스위치를 닫았을 때는 자석이 아니므로 자석의 힘이 없다가 스위치를 닫는 순간 고리 앞에 자석의 힘이 작용하면서 회로에 전류가 흐르게 된 것입니다.

막대자석과 고리 사이의 거리가 달라지면 자석의 힘도 달라집니다. 물론 고리를 막대자석에 가까이 해도 고리에 작용하는 자석의 힘이 달라지지요. 또한 고정된 위치에 있는 전자석은 전류가 흐르는 순간 자석의 힘이 작용합니다.

패러데이는 일련의 실험을 통해 건전지와 연결되지 않은 회로의 고리 앞에 있는 자석의 힘의 크기가 달라지면 회로에 전류가 유도된다는 것을 알아냈습니다. 이것은 외르스테드의 발견과 반대가 되는 과정이었습니다. 이렇게 자석의 힘이 고리 앞에서 달라질 때 회로에 전류가 흐르는 현상을 패러데이의 전자기 유도 법칙이라고 부릅니다.

사실 외르스테드의 발견 이후에 많은 물리학자들은 자석으로 전기를 만들 수 있을 것이라고 생각했습니다. 하지만 그들은 자석을 고정시켰기 때문에 회로에 전기가 흐르게 할 수 없었던 것입니다. 하지만 패러데이는 자석을 움직여 자석의 힘을 변화시킴으로써 이 문제를 해결해 전기와 자기의 완전한 통일을 이루게 된 것입니다.

또한 패러데이는 코일과 코일 사이에도 전자기 유도 법칙이 성립한다는 것을 발견했습니다. 그는 두 개의 코일을 서로 마주 보게 하고 하나의 코일에 전지를 연결하고 다른 하나의 코일에는 전지를 연결하지 않았습니다. 패러데이가 전지를 연결한 코일의 스위치를 닫자 전지를 연결하지 않은 코일이 있는 회로에 전류가 흘렀습니다. 코일은 전기를 흘려보내 주면 전자석이 되는데 전지가 없는 회로에 있는 코일 앞에서 자석의 세기가 갑자기 달라졌기 때문에 전류가 유도된 것이죠.

전자기 유도 법칙의 예

전자기 유도 법칙은 쉽게 말해서 코일 안에서 자석의 힘이 변할 때 코일에 전류가 유도된다는 것입니다. 전자기 유도 법칙을 이용한 장치는 생활 속에서 많이 찾아볼 수 있습니다.

첫 번째 예는 인라인스케이트를 타고 달리면 불이 들어오는 윙커 바퀴입니다. 이 바퀴 안에는 자석과 코일이 들어 있어 자석이 바퀴와 함께 돌면 자석을 에워싸고 있는 코일에 전류가 흘러 조그만 전구가 켜지게 되는 것입니다.

또 다른 예로는 공항 검색대나 도서관 등의 도난 방지용 문이 있습니다. 이 문은 양쪽에 자석이 있는데 이 사이로 금속을 몸에 지닌 사람이 지나가면 자석의 힘이 달라져 자석 근처에 있던 코일에 전류가 생기게 됩니다. 이 전류가 경보를 울리게 하지요.

또 다른 예로 마이크를 들 수 있습니다. 마이크는 소리를 전기 신호로 바꾸어 스피커를 통해 큰 소리로 나오게 하는 장치입니다. 마이크 앞에서 소리를 내면 입과 마이크 사이의 공기가 진동을 하게 됩니다. 이 진동은 마이크 속의 진동막을 진동시켜 그것과 붙어 있는 코일을 움직이게 합니다. 물론 이 코일엔 전류가 흐르지요. 이때 전기가 흐르지 않는 다른 코일을 마주 보게 하면 전자기 유도에 따라 이 코일에도 전류가 흐르게 됩니다. 즉 소리의 진동이 전류로 바뀌게 된 것이지요.

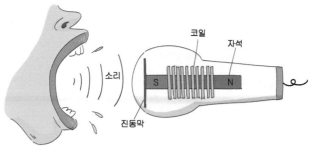

소리 / 코일 / 자석 / S / N / 진동막

전동기의 발명

외르스테드는 전류에서 발생하는 힘이 주위의 자석을 움직인다는 것을 알아냈고, 패러데이는 자석이 고리 안으로 움직이면 고리에 전류가 만들어진다는 것을 알아냈습니다. 이렇게 전기의 움직임은 자석에 힘을 작용하고, 자석의 움직임은 도선 속에 있는 전자를 움직이게 하여 전류를 흐르게 합니다.

외르스테드의 생각대로 전류가 자석에 힘을 미쳐 자석을 움직이게 한다는 생각은 바로 전류를 흘려보내 주면 빙글빙글 도는 전동기의 발명을 가지고 왔습니다. 1821년 패러데이는 외르스테드의 실험을 토대로 전류가 흐르는 고정된 전선 주위로 자석이 빙글빙글 돌게 된다는 것을 알아냈습니다. 이것은 패러데이가 발명한 최초의 전동기입니다.

패러데이는 또한 고정된 자석 주위에 전기가 흐르는 전선을 놓으면 전선이 자석 주위를 빙글빙글 돈다는 것도 알아냈습니다.

패러데이의 전동기는 지금 우리가 사용하는 전동기와는 달리 자석 주위를 빙글빙글 돌기만 할 뿐 어떤 기계를 회전시키는 것과 같은 일은 하지 않았습니다. 기계를 돌리는 것과 같은 일을 하는 최초의 전동기는 1831년 헨리가 발명했습니다.

과학성적 끌어올리기

발전기의 발명

발전이란 전기를 만드는 것을 말합니다. 여러분은 밤에 자전거를 탈 때 자전거 바퀴가 돌면 전조등이 켜진다는 것을 알고 있지요? 스위치를 누르지 않았는데 어떻게 전조등이 들어올까요?

이것은 자전거 바퀴가 돌면서 스스로 전기를 만들어 내기 때문입니다. 자전거 바퀴에는 발전기가 있어서 전조등과 연결되어 있습니다. 바퀴가 회전할 때마다 안에 있는 자석들이 고리 사이를 돌게 되지요. 고리 앞에서 자석이 움직이면 고리에 전류가 흐른다고 했지요? 그러니까 바퀴가 돌면서 자석들이 고리 앞에서 움직이기 때문에 고리에 전류가 흘러 전구에 불이 들어오는 것이지요. 이때 자전거가 빨리 달릴수록 더 많은 전기가 만들어지므로 전구가 더 밝아집니다.

패러데이는 다른 종류의 발전기도 만들어 냈습니다. 우리는 자석이 고리 앞에서 움직일 때 뿐만 아니라, 고리가 자석 앞에서 움직여도 회로에 전류가 흐른다는 것을 확인했습니다. 이 방법을 이용한 것이 바로 우리가 흔히 사용하는 발전기입니다.

원리는 간단합니다. 두 개의 자석 사이에 사각형 모양의 고리를 회전시키면 고리에 전류가 흐르게 되는 것이지요. 이것이 바로 발전기입니다.

자전거 바퀴가 돌면서 발전기의 자석이 회전하고
이에 의해 전류가 흘러 전조등에 불이 밝혀지는 것입니다.

초인종의 원리

초인종은 항상 울릴 필요가 없습니다. 원할 때 스위치를 누르면 울려야지요. 초인종은 바로 전자석이 전류가 흐를 때만 자석의 성질을 가지는 것을 이용한 장치입니다. 부딪히면 소리가 나는 금속판 앞에 전자석을 약간 떨어뜨려 놓으면 초인종 스위치를 누르지 않았을 때는 전자석이 자석이 아니므로 금속판에 달라붙지 않습니다. 하지만 초인종을 누르면 스위치가 닫혀 전자석에 전류가 흘러 전자석은 금속판에 달라붙게 됩니다. 이때 충돌에 의해 나는 소리가 바로 초인종 소리입니다.

강한 전류가 흐르는 곳 주위에 신용카드를 두면 안 되는 이유

전류가 흐르는 곳 주위에는 자석의 극이 가리키는 방향이 달라집니다. 부모님의 신용카드에는 모든 정보를 저장한 자석이 있습니다. 이 자석은 아주 고운 분말로 되어 있고 각각의 분말들 하나하나가 작은 자석입니다. 이것은 신용카드를 사용하는 사람의 이름, 주민등록번호, 통장 계좌번호, 비밀번호들을 아주 작은 자석들의 N극이 가리키는 방향을 바꾸어 주어 저장해 주지요. 그런데 주위에 강한 전류가 흐르면 이들 작은 자석들의 N극이 가리키는 방향을 모두 달라지게 합니다. 그러므로 신용카드에 들어 있는 정보가 모두 지워질 수 있습니다.

변압기의 원리

변압기는 전압을 바꾸어 주는 역할을 합니다. 발전소에서는 아주 높은 전압으로 전기를 보내기 때문에 가정에서는 사용할 수 없습니다. 그래서 가정으로 들어올 때는 전신주에 있는 변압기를 통해 220볼트의 약한 전압으로 바꾸어 주지요. 원리는 간단합니다. 코일과 코일 사이에 전자기 유도 법칙이 적용된다고 했지요? 두 개의 코일을 구멍이 있는 네모 모양의 두 변에 감습니다. 이때 한쪽 코일은 발전소에서 온 높은 전압에 의한 전류가 흐릅니다. 그러면 집과 연결된 바깥쪽 코일에 전류가 만들어지지요. 이때 집과 연결된 코일의 감은 회수를 작게 하면 그 코일에는 낮은 전압이 만들어지게 됩니다.

물리와 친해지세요

이 책을 쓰면서 좀 고민이 되었습니다. 과연 누구를 위해 이 책을 쓸 것인지 난감했거든요. 처음에는 대학생과 성인을 대상으로 쓰려고 했습니다. 그러다 생각을 바꾸었습니다. 물리와 관련된 생활 속의 사건이 초등학생과 중학생에게도 흥미 있을 거라는 생각에서였지요.

초등학생과 중학생은 앞으로 우리나라가 21세기 선진국으로 발전하기 위해 필요로 하는 과학 꿈나무들입니다. 그리고 지금과 같은 과학의 시대에 가장 큰 기여를 하게 될 과목이 바로 물리입니다. 하지만 지금의 물리 교육은 직접적인 실험 없이 교과서의 내용을 외워 시험을 보는 것이 성행하고 있습니다. 과연 우리나라에서 노벨 물리학상 수상자가 나올 수 있을까 하는 의문이 들 정도로 심각한 상황에 놓여 있습니다.

저는 부족하지만 생활 속의 물리를 학생 여러분의 눈높이에 맞추고 싶었습니다. 물리는 먼 곳에 있는 것이 아니라 우리 주변에 있다는 것을 알리고 싶었습니다. 그래서 이 책을 쓰게 되었지요.